棒針編織
入門圖解

TORIDE de Knit イデガミ アイ ——著

陳書賢 ——譯

「想嘗試棒針，但不知道該從何開始。」
「雖然買了編織的教學書，
但針目記號及織圖太複雜了根本看不懂。」
你也曾經有過類似的挫折經驗嗎？

請透過這本書，重拾你對編織的興趣與自信吧！
只要按照書裡每一頁的順序動手做，
閱讀完本書的同時，就能獲得「我會編了！」的成就感。

對於一開始感到困惑的針目記號和編織圖，
只要動手操作便能輕易地理解。

針對容易失敗或是有點複雜的作品步驟，
亦可以參考教學影片確認細節。

這本書是我一邊想著初學者的學習腳步，
一邊帶著從旁指導的心情編寫而成的。

這本書是要獻給大家的「紙本化編織教室」，
希望大家在學習時能感受到 TORIDE de Knit 就在身邊。

跟著本書完成練習後，
相信你一定會對自己在編織上的進步感到驚訝，
同時也能真切感受到編織的樂趣所在。

現在請放鬆肩膀與雙手，享受手作的樂趣吧！
歡迎來到棒針編織的世界！

TORIDE de Knit
イデガミ アイ

CONTENTS

只要按照本書順序,一邊閱讀一邊編織,
便能自然而然地提升編織實力。
首先,閱讀完episode.0並準備好所需工具後,
請試著從episode.1開始動手吧!

掃描QR Code就能觀看教學影片

只要利用手機的相機功能或QR Code讀取應用程式等,掃描書內的QR Code圖碼,就能觀看編織方法、作品編織要點等解說影片。

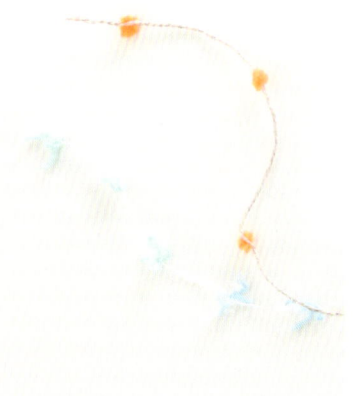

episode 0 ── 開始編織之前 …… 6

棒針編織是什麼? …… 7
棒針編織的基本用語 …… 7
棒針的種類 …… 8
其他工具 …… 8
關於織線 …… 9

episode 1 ── 使用棒針起針 …… 10

從線球拉出線頭 …… 11
手指掛線起針 …… 12

棒針編織問答箱 …… 110
INDEX 編織技巧索引 …… 111

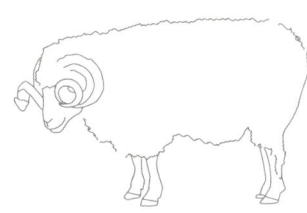

episode 2

試著編織小圖案 ⋯⋯ 17

棒針與織線的拿法 ⋯⋯ 18

Step1　**起伏編** ⋯⋯ 19
　　　　起伏編的正方形織片

Step2　**平面編** ⋯⋯ 26
　　　　平面編的正方形織片

　　　　加強編織實力！棒針編織的基本知識 ⋯⋯ 32
　　　　針目的結構與針、段的計算方式 ⋯⋯ 32
　　　　認識針目記號 ⋯⋯ 33 ／解讀織圖 ⋯⋯ 33
　　　　僅使用下針和上針編織的花樣 ⋯⋯ 35
　　　　解決棒針編織常見的問題（針目從針上脫落並鬆開、
　　　　換線・接線、線打結、編織途中想要暫停）⋯⋯ 36

Step3　**加針與減針** ⋯⋯ 40
　　　　A 起伏編的三角形織片（空加針）⋯⋯ 40
　　　　B 起伏編的梯形織片（扭加針）⋯⋯ 45
　　　　C 起伏編的三角形織片（兩併針、三併針）⋯⋯ 50

Step4　**縫合・拼接** ⋯⋯ 58
　　　　挑縫 ⋯⋯ 59
　　　　捲邊縫 ⋯⋯ 63

Step5　**來製作裝飾旗吧** ⋯⋯ 65

episode 3

進階編織風格小物 ⋯⋯ 69

小浪漫織片耳飾 ⋯⋯ 70
簡約短圍巾 ⋯⋯ 74
慵懶風露指手套 ⋯⋯ 78

自然系十字髮帶 ⋯⋯ 86
暖質感三角披肩 ⋯⋯ 94
個性口罩套 ⋯⋯ 98

episode

開始編織之前

「棒針編織是什麼？」
「需要準備哪些工具和材料？」
本章統整了「基礎中的基礎」知識，
首先，我們就從這裡開始
來認識棒針編織吧！

棒針編織是什麼？

編織大致上可以分為兩大技法，分別為使用棒針的「棒針編織」與使用鉤針的「鉤針編織」。兩者都僅需要織線及針就能進行，但是在成品的風格和設計上略有不同。

棒針是一種前端尖銳、呈細長棒狀的針，一般使用兩支（或四支、五支）進行編織。較常使用的長度約為35cm，適合用於製作寬且平坦的織物。其成品相較鉤針編織更為輕柔，因此在製作圍巾或毛衣時經常使用棒針編織。

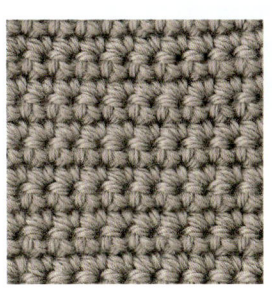
鉤針編織的質地

棒針編織的質地

棒針編織的基本用語

在編織技法中有一些共通的基本詞彙，首先，請認識並記住這些用語吧！

段 從織片一端到另一端的整排針目

針目 編織時的最小單位

織片 用線編織許多針目後形成的平面織物

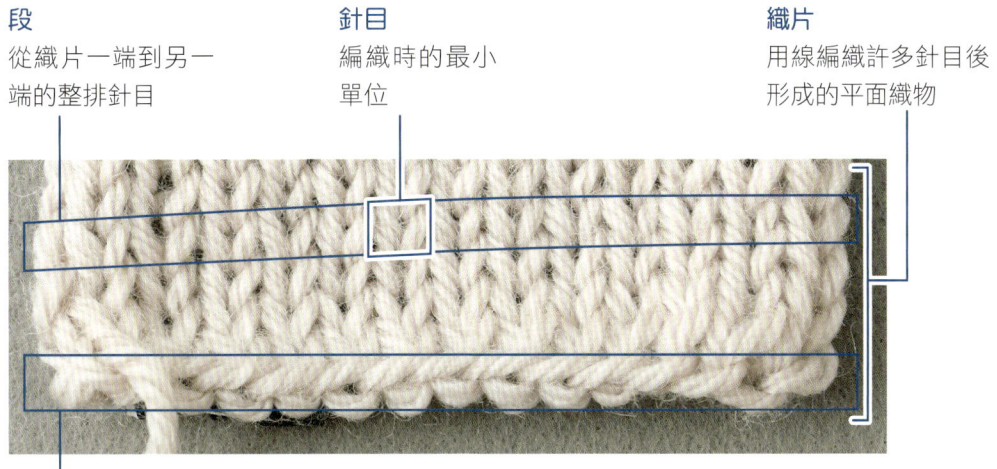

起針 開始編織時必不可少的基礎針目

棒針的種類

棒針依據軸的直徑粗細有號數之分，其編號標記在針體上。從0到15號，數字越大表示棒針越粗，更粗的棒針則會以mm為單位表示。本書所使用的棒針為以下四種，請配合不同織物來準備。

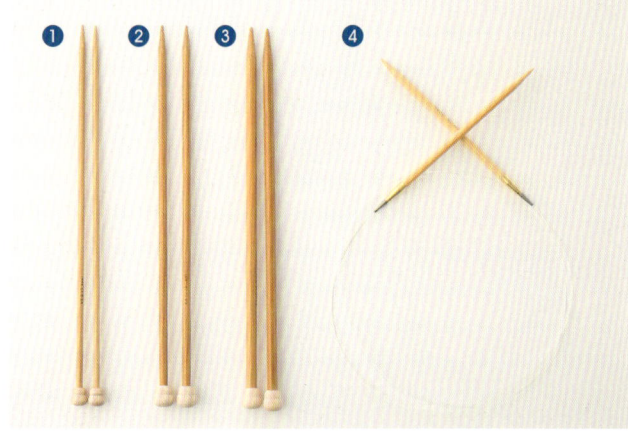

❶ 6 號（3.9mm）
　p.17~68 Episode. 2（小圖案織片）
　p.78 露指手套
　p.86 十字髮帶（一針鬆緊編的部分）

❷ 10 號（5.1mm）
　p.70 耳飾
　p.86 十字髮帶
　p.98 口罩套

❸ 15 號（6.6mm）
　p.74 短圍巾

❹ 10 號輪針
　p.94 三角披肩

棒針有不同的材質，像是木頭、竹子、塑膠、金屬等等。其種類又分為單側有圓球的「單頭棒針」、兩端都是尖頭的「尖頭棒針（四支或五支一組）」，以及用繩子連接兩支針的「輪針」。第一次嘗試建議使用「竹製的單頭棒針」，但也可以根據自己的喜好選擇。

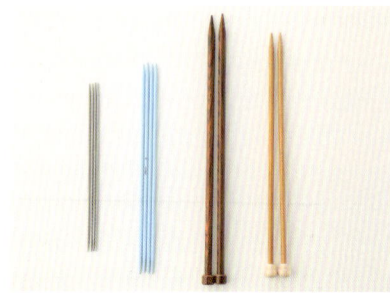

其他工具

除了毛線針與剪刀等必備工具之外，根據不同的作品需求，可能還需要使用不同的工具，先準備好會讓製作過程更加順利。

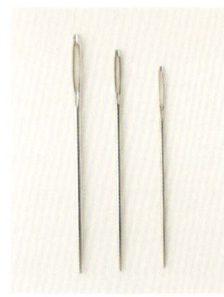

毛線針
與縫合布料的縫針類似，但織片使用的縫針前端是圓的，在作品收尾或加工時使用。穿針孔的大小及針的粗細皆有不同，請配合織線的粗細挑選。本書所使用的毛線針尺寸為No.11～15。

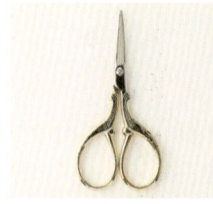

剪刀
專門用於剪線的工藝剪刀，由於前端呈尖銳，使用起來非常方便。

針數環、段數環（記號別針）
掛在針目上作為標記的工具。在編織較大型或複雜的織物時有利於計算，相當好用。可分為別針樣式以及環狀樣式。

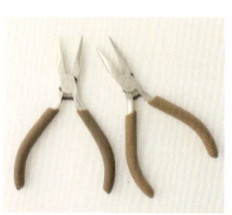

尖嘴鉗
在安裝金屬配件時，用於開闔C圈等金屬圓環。建議使用尖端平整的平口尖嘴鉗。

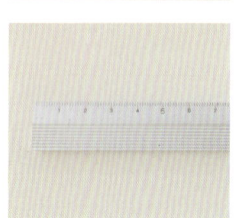

量尺
用於測量織片密度或作品尺寸。但在這本書中，無需過於在意作品的大小，請盡情享受編織的樂趣。

關於織線

適合用於棒針編織的織線,除了毛線外,還有棉線、麻線,以及用木漿或和紙加工而成的細線等。市售織線根據形狀,分為稻草捲型或甜甜圈型的球狀線團、中間帶捲軸的玉米狀線團,以及束狀線團(將捲好的線束起來)等。

毛線是由紗線捻合製成,除了將相同紗線捻合成一條毛線的平紗線外,還有經過加工形成各種變化的花式紗線。對於初次嘗試編織的人,建議使用容易編織的平紗線。

線的粗細也有許多種類。使用過細或過粗的線,最初可能會覺得難以編織。本書中所使用的織線都適合編織初學者,因此請一邊確認編織的順暢度,一邊編織看看吧!

本書中使用的織線

基本的編織方法請使用 ❶ 號線來練習。❷ 到 ❻ 號線請根據想製作的作品來準備。使用同種類但不同顏色也可以,盡量選用能讓你感到開心的顏色吧!若要使用完全不同的織線,請選擇粗細相近的產品。雖然成品氛圍或尺寸可能會有差異,但只要自己喜歡,怎麼調整都沒問題!

❶ Puppy—Queen Anny
p.17~68 Episode. 2(小圖案織片)

❷ Hamanaka—Wash Cotton
p.70 耳飾

❸ Hamanaka—Amerry〈極太〉
p.74 短圍巾

❹ Daruma—Merino Style〈並太〉
p.78 露指手套
p.94 三角披肩

❺ Daruma—與原毛相近的美麗諾羊毛
p.86 十字髮帶

❻ sawada itto—Puny
p.98 口罩套

如何看線球標籤

線球上的標籤會標示適合使用的針以及織線材質等資訊。

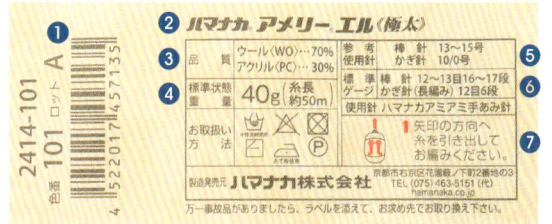

❶ 色號與批號
色號為該品牌獨有的編號,但隨著染色的批次不同,會有些微色差,因此要編織一個較大型的織物時,請選擇同批號的產品。

❷ 織線的名稱

❸ 織線的材質成分

❹ 單個線球的重量與長度
在相同重量之下,線越長則越細。雖然標籤上會有「中細」、「並太」等粗細標示,但不同品牌的粗細略有不同,因此建議以重量和長度進行比較。

❺ 參考使用針
指的是適合此織線的針具號數。依據編織者的需求及作品的不同,可自由變換針的尺寸。

❻ 織片密度
織片密度指的是在長寬各 10cm 的範圍裡,標準的針數與段數。

❼ 線頭位置
有些標籤會明確標示線頭的位置。

episode

1
—

使用棒針起針

拿起織線與棒針,來學起針吧!
所有的編織都是從起針開始。

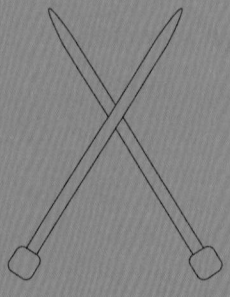

■ 從線球拉出線頭

線球的中心及外側皆有線頭，在編織時請使用中心的線頭。
若使用外側的線頭，在編織過程中線球會滾來滾去，增加編織的難度。

輕輕地抽動中心的織線，確認線頭是否在裡面。
若用力硬拉會使線球變緊，因此要緩慢且謹慎地拉線。

有時候中心的線頭也會藏在標籤後面。

內側有捲軸的線球，先將捲軸抽出後再找線頭。

若無法順利抽出捲軸，請將毛線球壓扁、對折後再嘗試取出。

若出現一團揪在一起的毛線

尋找線頭時，有時線會相互糾結並從內部成團地跑出來，遇到此種情況時，首先要輕輕地拉扯織線並找出線頭。若放任那一團線不處理，線很容易就會揪在一起，因此請將線以 8 字形纏繞在手指上整理好，這樣使用起來會更加方便。

1 讓線頭垂掛在手上後，開始將線以 8 字形纏繞在食指和小指上。

2 如同照片纏繞完成後，握住中間交叉的部分，將線從手指中取出。

手指掛線起針

episode 1

觀看影片同步確認

棒針編織有不同的起針方式，讓我們來學習最常使用的手指掛線起針吧！

■ 首先做出一個線圈

本書是用手指做出線圈，但也有使用棒針的方法。
不管用哪種方式，只要是能調節線圈大小的繩結就 OK！

1 從線球中心拉出線頭後，在距離線頭約 25cm 的地方做一個圈，並讓線球端的線放在交叉點上。

※編織的東西不同，其長度會略有變化。練習時使用 25cm 即可。

2 將手指伸入線圈中，捏住線球端的線，並將其拉出線圈。

3 拉動線頭端的線，收束線圈。此即完成第 1 個圈。

\ check /

拉拉看兩側的線，若繩結能夠解開，即表示順利做出「能調節線圈大小的繩結」！

12

■ 拿起棒針穿入線圈
用右手拿兩支並排的棒針。

4 將棒針穿入線圈中,拉緊線球端的線,讓線圈縮小至兩支棒針的大小。

5 用右手拿著並排的兩支棒針,調整繩結位置,使其對準兩支棒針的正下方。

■ 將織線掛在手指上
分別將線球端與線頭端的線掛在左手上。

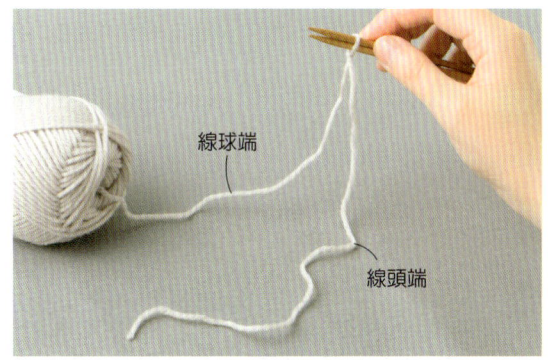

6 將線頭端的線放在靠近自己的這一側。用右手食指按住起始的線圈,以防它滑脫。

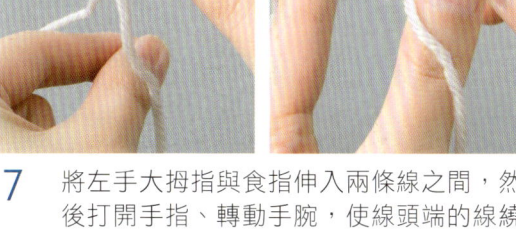

7 將左手大拇指與食指伸入兩條線之間,然後打開手指、轉動手腕,使線頭端的線繞在拇指上,線球端的線則繞在食指上。

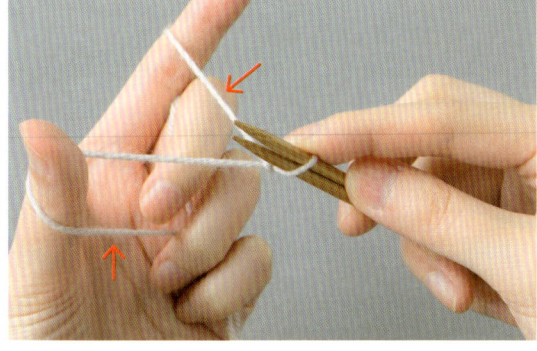

8 如圖把線繞在左手拇指與食指上,用無名指和小指輕壓住掌心中的兩條線。接下來將使用箭頭所指的線編織,因此要讓這兩條線保有適當的鬆緊度。

\ check /

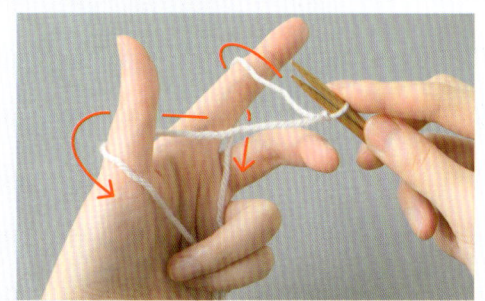

確認織線是否如照片般繞在手指上。
● 線頭端的線繞在大拇指上。
● 兩條線如箭頭指示般纏繞。

■ 用手指起針

移動兩支棒針,將拇指上的線和食指上的線交互纏繞到棒針上,反覆相同動作至織出基礎針目。

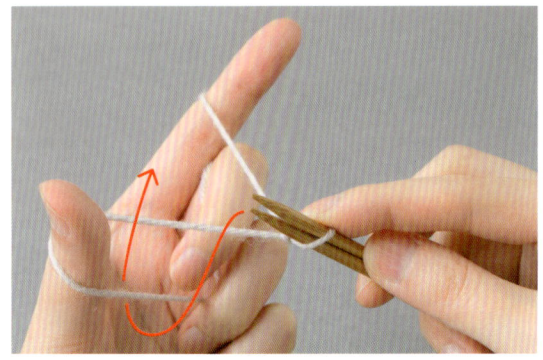

9 將棒針沿著箭頭方向移動,從下方挑起拇指前方的線(線頭端的線)。

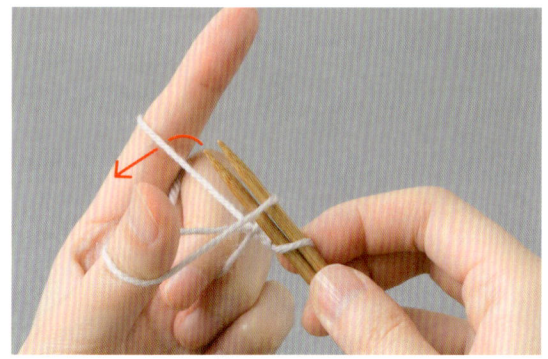

10 保持線掛在棒針上的狀態,並按照箭頭方向移動棒針,纏繞食指上的線。

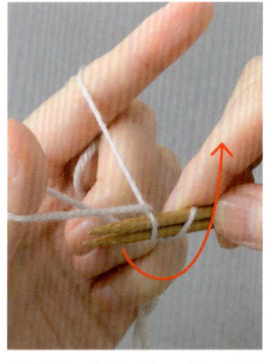

11 將棒針按照左圖的箭頭方向移動,把步驟10的掛線從拇指的線環中拉出,然後按照右圖的箭頭方向提起。

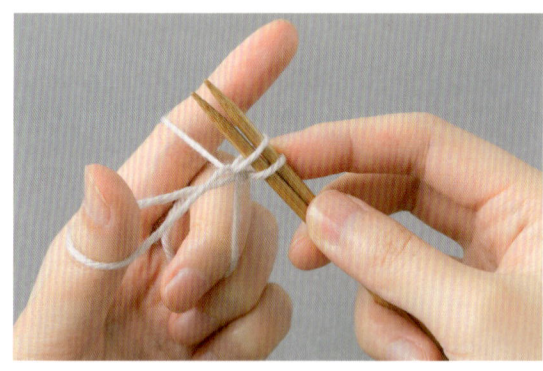

12 在棒針上形成了一個新的線圈。

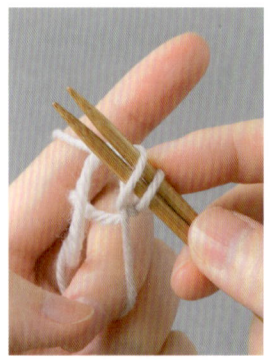

13 放掉拇指上的線,拉動線頭端的線以形成線圈。並拉動食指側的線,使線圈收束在兩支棒針上。

14 如此便完成手指起針。第 1 個圈作為第 1 針計算,因此到此已完成了 2 針(以線圈的數量來計算針數)。

反覆練習步驟 6～14，直到動作熟練為止！
只要將棒針從線圈中抽出，
便能輕易解開繩結並重新開始。
首先重要的是，讓手習慣這個感覺，
之後再一個步驟一個步驟慢慢地記住吧！

解決新手常見問題

起針太鬆散　可能是拉線的力道太輕所致。在拉線時，請注意線圈的尺寸要與兩支棒針的大小相同，並且要使每個繩結的大小保持一致。

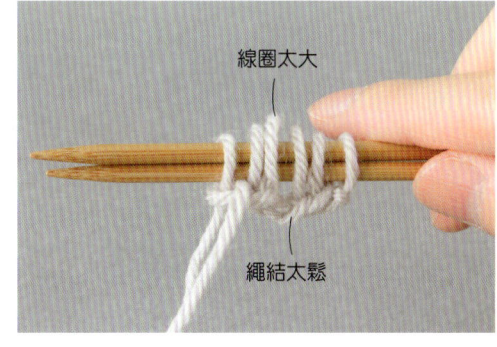

起針太緊無法移動　可能是線拉得太緊。繩結是否像照片那樣繞到棒針的另一側呢？請稍微放鬆左手的力道試試看。

 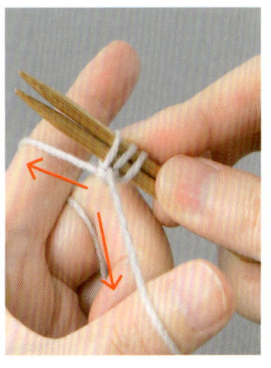 

15 熟練起針動作之後，除了拇指以外的線，都可以留在手上不用鬆開。也就是說，如果放掉拇指上的線後，能夠拉動線並重新掛上，就不用一再重複步驟 7～8。

16 照片是完成 15 針的樣子。在完成所需針數後，請抽出其中一支棒針（哪一支都可以），即可開始進行編織。

手指掛線起針有正面和反面之分，繩結的外觀有所不同。

\ check /

製作第一個線圈時的線頭長度

「手指掛線起針」需要同時使用線球端和線頭端的線，因此需要預留好線頭的長度。所需長度會因編織物的種類和鬆緊的不同而有所差異，但一般以編織物寬度的 2.5～3 倍為基準。

亦可用一支或不同粗細的棒針起針

這裡使用了兩支與編織主體相同尺寸的棒針來起針，但織出來的針目形狀會因人而異。當你熟悉自己的手勁後，可以嘗試使用一支棒針起針，或者用不同尺寸的棒針，按照自身需求或習慣調整即可。

episode

2
―

試著編織小圖案

學會起針後，試著用最基本的下針、上針兩種織法，
來編織正方形或三角形等圖案吧！
只要按照此章的內容逐一練習，
最後這些小織片就能組成一條可愛的掛飾。

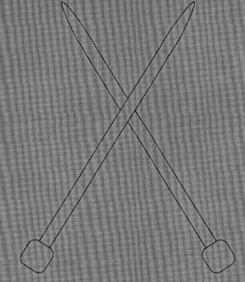

〔使用織線〕Puppy―Queen Anny
※織線顏色根據個人喜好選擇即可。
〔使用棒針〕6 號
※本章中使用適合初學者的織線，如果你想使用其他種類也可以，
但請選擇相同粗細的平紗線。

棒針與織線的拿法

編織時會以左手拿連接著線球的棒針，以右手拿另一支空棒針，並讓織線保持在良好的鬆緊度。每個人覺得方便的拿法都不一樣，而為了找到適合自己的拿法，不妨從模仿開始吧！

■ 換手持棒針

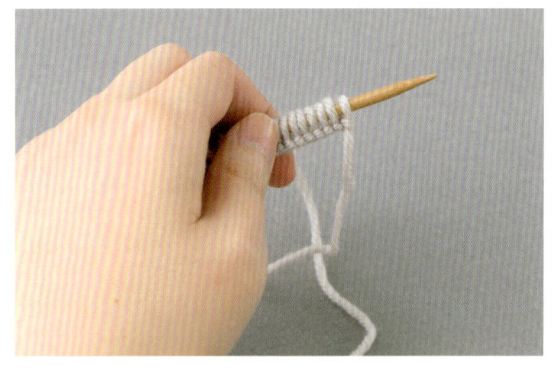

1　起針結束後，將連接著線球的棒針換到左手。

■ 左手掛線

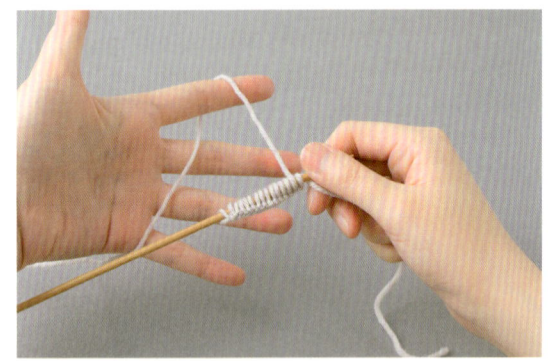

2　將線球端的線從食指前方繞到後方，並垂到手掌側。
※接下來的編織不會使用線頭端的線。

3　保持線掛在左手上的狀態，用拇指和中指握住棒針，無名指和小指則支撐棒針。

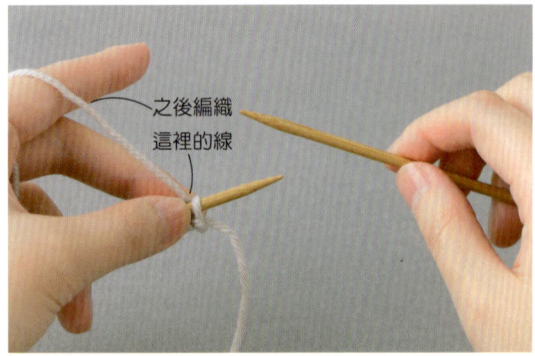

之後編織這裡的線

4　用右手拿著沒有任何針目的空棒針。左手食指不彎曲，讓掛在上面的線能夠適當地拉長，保持線的張力會更容易編織。

＼ check ／
法式編織與美式編織

將線掛在左手的拿法稱為法式，將線掛在（或拿在）右手的拿法則稱為美式（如上圖）。無論哪種方式，在編織後都會得到相同的針目。本書會以法式編織來說明。

Step 1

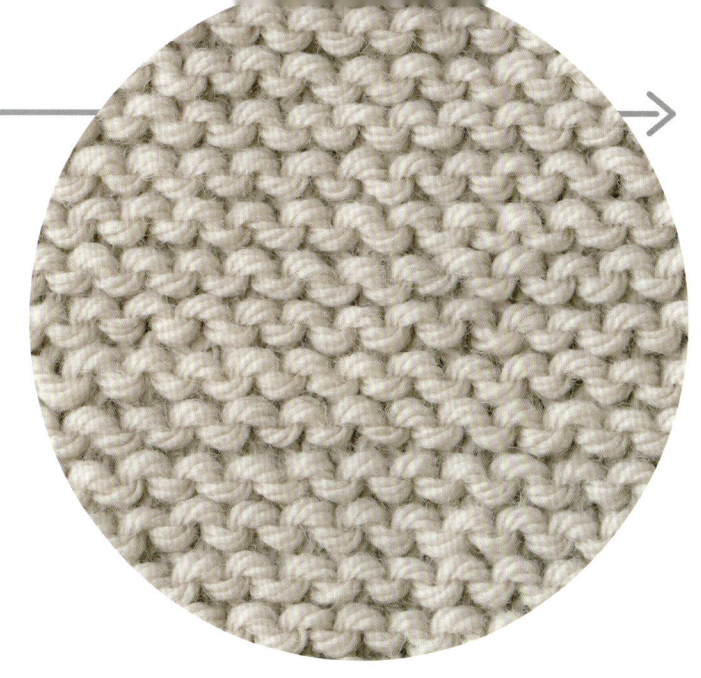

起伏編

棒針編織的基本針法是「下針」與「上針」。從織片正面看，每一段交替出現下針和上針，稱為「起伏編」，這是一種非常適合初學者的簡單編織方法。

※在往復編（交互看著織片正面與反面一段一段地編織）的情況下，每一段都以下針編織，最後織片正面（背面）會呈現起伏編。

起伏編的正方形織片

首先從一個小正方形開始，體驗看看將一條線變成一塊織片的過程。由於每個人的力道不同，編織出的成品大小會有所差異，所以不用太在意尺寸或段數，只要大致呈現正方形即可。

觀看影片同步確認

約 8cm × 約 8cm

■ 起針

手指掛線起針至 15 針左右。

1 預留長度約編織物寬度 2.5～3 倍的線頭後，手指掛線起 15 針。此處編織物的寬度預計為 8cm，因此預留約 25cm 的線頭。

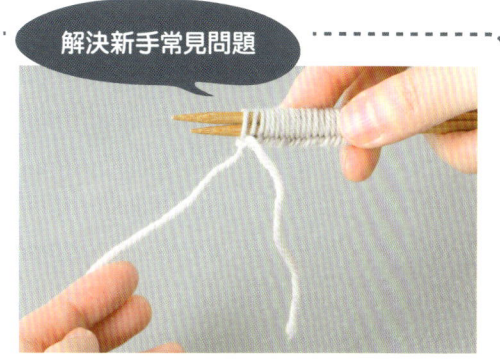

解決新手常見問題

線不夠用

請重新起針並預留長一點的線頭。此外，即使已經留下足夠的長度，但如果把線頭端的線掛在食指上也會不夠用，因此請檢查一下線的掛法（參考第 13 頁）。

Step 1 起伏編

■ 左手掛線（編織下針時的掛線方法）

雖然只是基本的掛線方法，但如果小地方出錯，就無法編織出正確的下針。

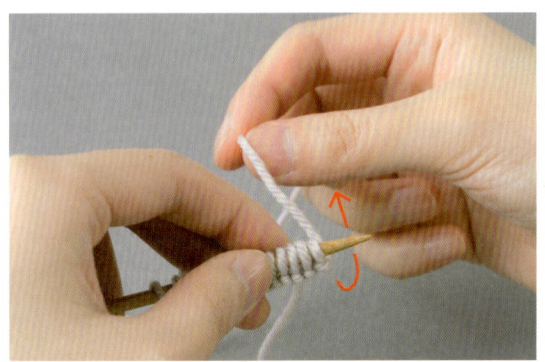

2　將線球端的線，從棒針的下方帶到對面，並掛在左手的食指上。

Point ✕NG
如果從棒針的上方將線繞過去，線圈會隱藏在背面，下方的針目也會被拉起，看起來就像有兩針。

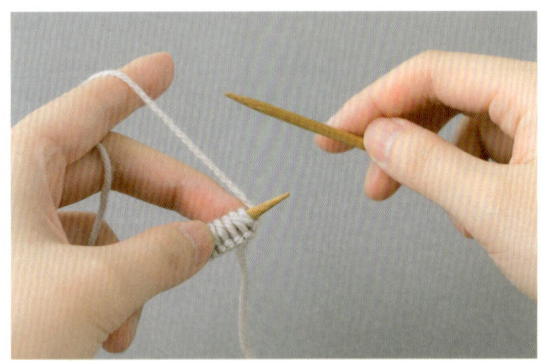

3　重點在於掛線應該位在棒針的後方，而不是前方。

Point ✕NG
如果掛線在前方，會如同照片裡的模樣。

■ 編織下針

讓我們來學習棒針編織中，最基本的「下針」編織方法。

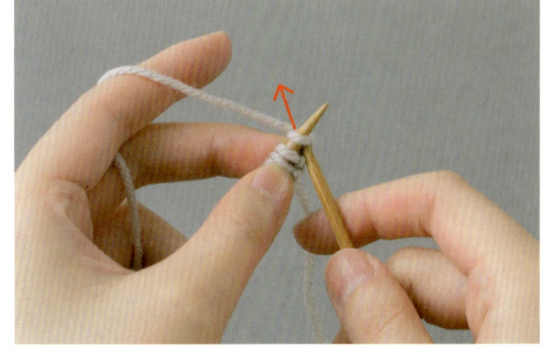

4　將右針穿入第一個線圈，方向與左針的針尖一致。右針從左針的下方通過並從背面穿出。

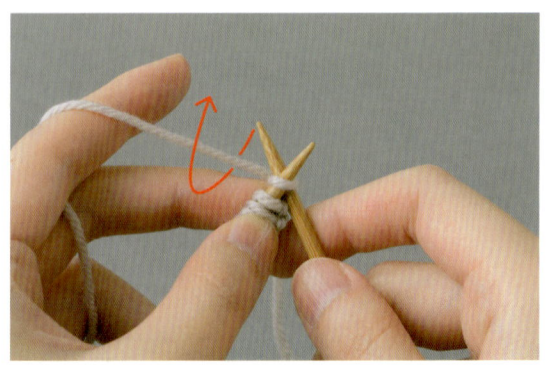

5　右針穿入後按箭頭指示掛線（沿著掛在食指上的線，以順時針方向移動）。

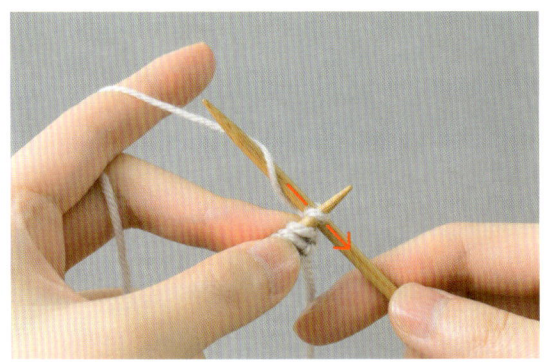

6 保持線掛在針上的狀態，按箭頭方向，將右針從線圈中抽出。

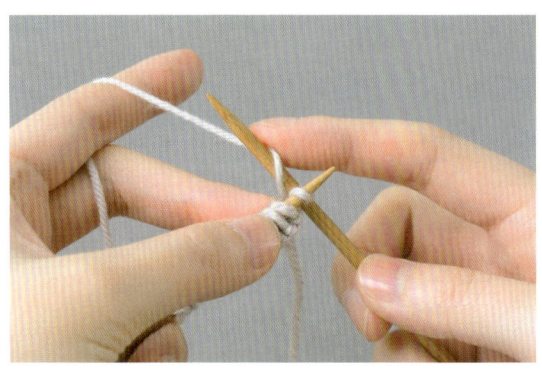

7 抽針時，可以用其他手指按住，以防掛線脫落。

8 右針從線圈抽出後，順勢把掛線拉出來。

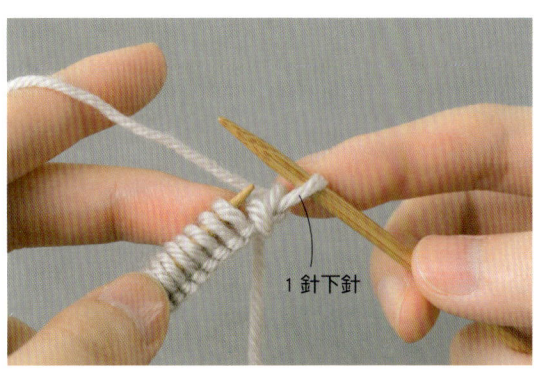

1 針下針

9 線拉出後，即從左針上滑出 1 針，如此便在右針上完成 1 針下針。接下來持續重複相同步驟。

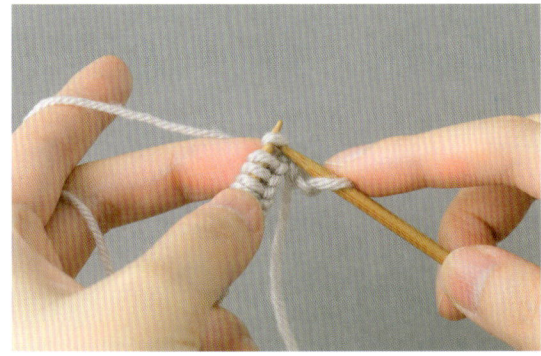

10 將右針穿入左針的線圈中。用手指按住右針上已編織的針目，以防脫落。

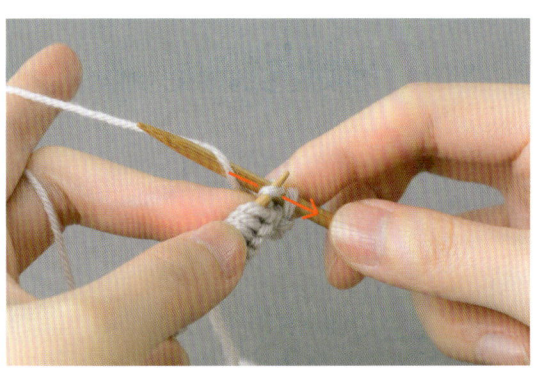

11 右針穿入後掛線，並從線圈中抽出。

21

Step 1 起伏編

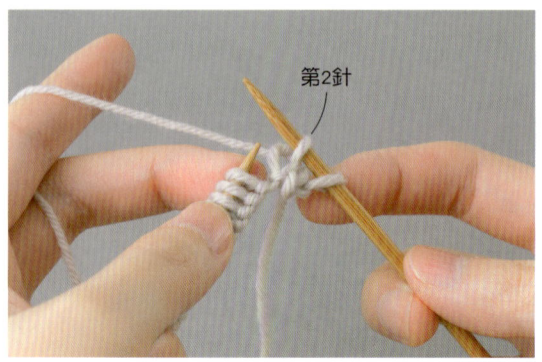

12 第 2 針編好了。按同樣的方法編織到最後一個針目。

13 編好 15 針下針，即完成一段。由於已將起針針目從左針編到右針，所以現在左針上沒有任何針目。

14 編織下一段時，請調換兩支棒針的位置並重新掛線（參考第 20 頁）。

15 按同樣的方法重複編織下針。不用太在意針目的美觀，重要的是動手練習！一直編織到形成正方形為止。

16 完成正方形織片！

■ 收針

最後進行收尾工作來結束編織。這裡使用常見的「套收針」。

17 按照編織下針的方式拿著針和線。

18 先編織 1 針下針。

19 再編織 1 針下針。當編織了兩針下針後，將左針穿入右針上的第 1 針中。

20 用左針挑起第 1 針，像是要套在第 2 針上往針頭方向移出。

21 套收時，一邊用手指按住第 2 針，以防針目脫落。

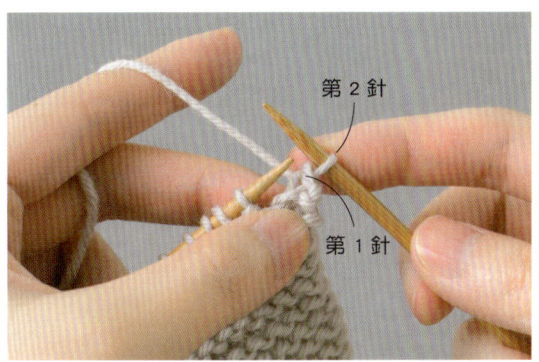

22 第 1 針套收完成。從圖片可見，第 2 針會從第 1 針中穿出，固定住第 1 針。

Step 1 起伏編

23 第 3 針也編織下針。當右針上有兩針時，將右端的那一針進行套收。

24 又完成了一次套收針。重複「編織一針，然後套收」的過程，持續收針直到最後。

25 編織到最後一針時沒有可以套收的針目，因此需要使用不同方法來固定。

26 把針往上提，讓線圈變大。

> **Point** 套收針容易讓織片變緊，因此，為了不讓收針後變得比編織時寬度更窄，要一邊觀察一邊進行，並注意每針的大小。

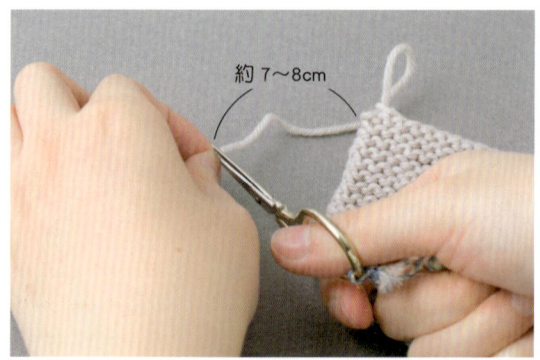

27 把線圈弄大一點並抽針，保留 7～8cm 的長度後剪線。

28 將線頭穿過線圈。

29 拉緊線頭、收緊線圈,即可固定住針目。

30 如此便完成一個起伏編的正方形織片!

> 解決新手常見問題

針目脫落

當針目從針上脫落時,若慌張地拉線,反而可能造成針目整個鬆開。
但其實只要針目沒有脫線就不會有問題,請冷靜地處理吧!

1 如果針突然掉了,先稍微放鬆掛在食指上的線。

2 假如針目沒有脫線,直接把棒針插回去即可。

藉由拉動織線
確認針目方向

觀看影片
同步確認

O
OK　拉線時,若針目從棒針的前方移動到後方,即表示針目方向是正確的!

X
NG　拉線時,若針目從棒針的後方移動到前方,則表示針目方向是反的,這時候需要將針重新插入。

Step 2

平面編

從正面看皆為下針的織片稱為「平面編」。平面編的質地比起伏編更柔軟輕盈，廣泛應用在從小物到毛衣等各種編織作品中。

※在往復編的情況下，若以「一段編織下針、一段編織上針」的方式反覆進行，最後織片正面會呈現平面編。

平面編的正方形織片

將 Step1 使用「起伏編」編織的正方形，換成不同花樣來編織。過程基本上與之前相同，從手指掛線起針開始，並以收針結束。在平面編中，我們除了複習下針，也將學習「上針」的編織方法。

約 8cm

約 8cm

觀看影片同步確認

■ 起針

手指掛線起針至 15 針左右。

1　開始時預留的線頭長度一般為 25cm，但如果覺得太長或太短，可以根據自己的需求調整。

■ 左手掛線（編織上針時的掛線方法）

為了順利編織上針，請注意以下重點。

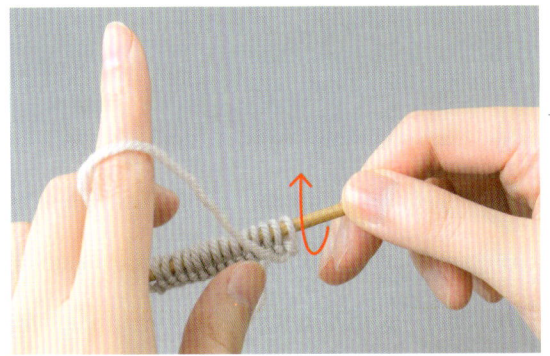

> **Point**
> 在編織下針時，掛在左手食指上的線應該位在棒針的後面，而在編織上針時，掛在左手食指上的線則應位在棒針的前方。兩者正好相反。

2　把線球端的線，從棒針的下方拉到前面，並掛在左手的食指上。

■ 編織上針

來學習與「下針」相對的「上針」編織方法吧！

3　將右針以針尖相對的方向，穿入左針上的第一個線圈，並從掛在左手食指上的線和左針之間穿出來。

4　如箭頭指示，移動右針並掛線。

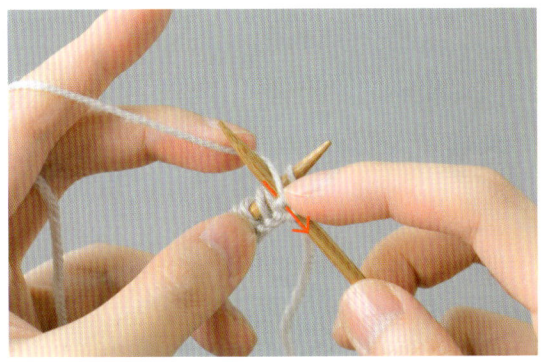 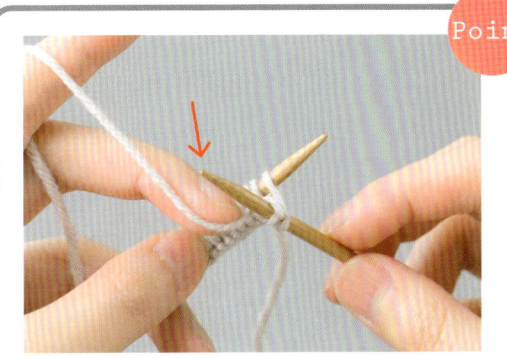

5　保持線掛在針上的狀態，將右針從線圈中抽出。由於掛線容易滑脫，可以使用其他手指按住。

> **Point**
> 用左手的中指壓住線，可以防止線滑脫。

Step 2 平面編

6 將針與掛線從線圈中抽出後，順勢把針往上提。

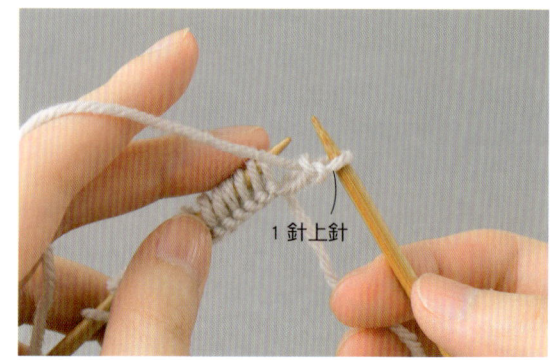

7 線拉出後，即從左針上滑出 1 針，如此便在右針上完成 1 針上針。接下來持續重複相同步驟。

8 將右針穿入左針上的線圈，掛線並抽出。

9 這樣第 2 針就完成了。持續編織上針到最後一個針目。

10 完成 15 針上針。

■ 編織下針

參考第20頁複習下針。編織下針時也請一邊觀察與上針的差異。

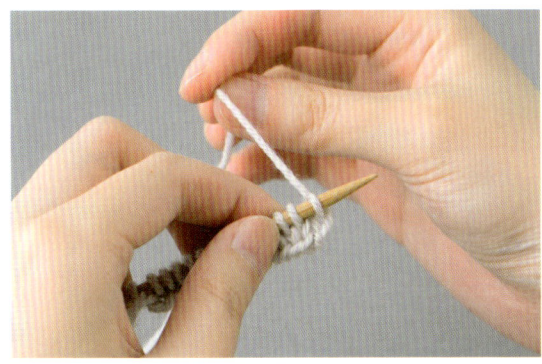

11 換手拿針並重新掛線。因為是下針,所以線會從針的下方帶到另一側。

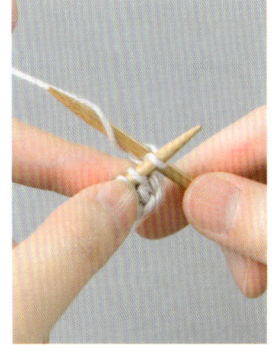

12 將右針穿入左針上的線圈,並以順時針方向掛線。

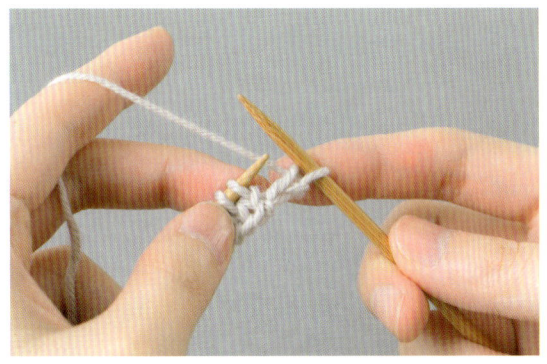

13 編織完1針下針。接著按照同樣方法,織完整段下針。

14 完成15針下針。

■ 交替編織上針和下針

從這裡開始,試著每段交替編織上針和下針。

15 下一段編織好15針上針後的樣子。在這之後,每段交替編織下針和上針,直到出現一個正方形。

16 大約形成正方形時,以上針段結束(照片中總共編織了20段)。

Step 2 平面編

\ check /

接下來織的是下針？或是上針？

平面編的做法是每段交替編織下針和上針。
如果不確定下一步要織哪一種針，可以檢查織片。

用左手持針時，根據看到的織片針目模樣，就能確定下一段的編織方法。

A

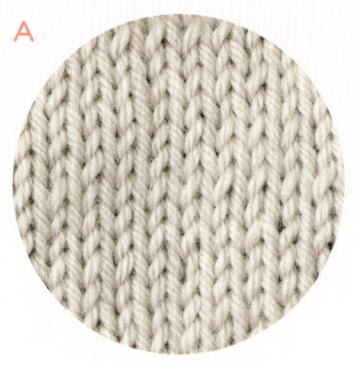

當看到這個時，就織**下針**。

B

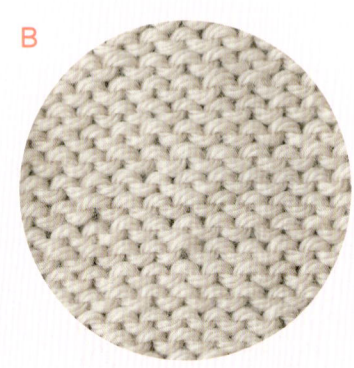

當看到這個時，就織**上針**。

■ 收針

最後進行套收針（參考第 23 頁），以結束編織。

17 先編織 2 針下針。

18 將左針穿入右針上的第 1 針，並套在第 2 針上。

19 完成一針收針。按照相同做法持續編織到最後。

20 將最後一針的線圈稍微拉大並抽出棒針，保留 7～8cm 長度後剪線。

21 將線頭穿過線圈。

22 拉緊線頭、收緊線圈，即可固定住針目。

23 如此便完成一個平面編的正方形織片！

episode 2

加強編織實力！

棒針編織的基本知識

練習完起伏編和平面編之後，
先把針、線放一邊，稍微休息一下吧！
編織書籍中的針目記號和織圖究竟要怎麼看？
編織到一半，線用完了該怎麼辦？
就讓我們一起來了解，為了讓編織過程更順利，
需要記住的相關知識。

針目的結構與針、段的計算方式

棒針編織的針目分為「下針」和「上針」。下針呈現 V 字形，因此單個下針比較容易辨識。上針則是上下左右重疊，因此顯而易見地，下針較上針容易計算。橫向計數稱為「針數」，縱向計數稱為「段數」。在編織過程中，需將棒針上的針數也計算在內。

平面編

下針與上針其實是一體兩面。前面內容有提過，平面編是由下針組成的織片，但翻到背面時就只會看到上針。在下方照片中，紅色段是以下針編織的情形，也就是編織時我們從正面看到的織面，但若從背面看，紅色段就是以上針編織而成的。這一個觀念在棒針編織中相當重要，請從編織過程中慢慢感受並理解。

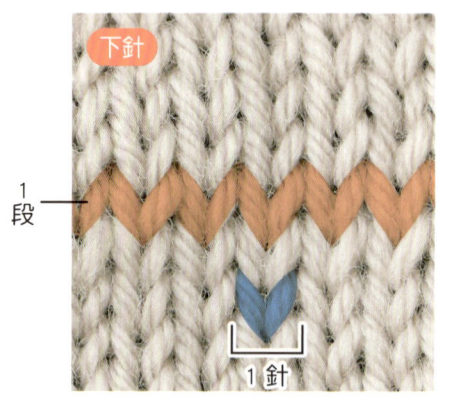

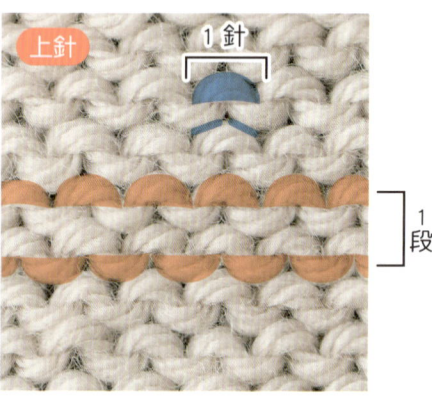

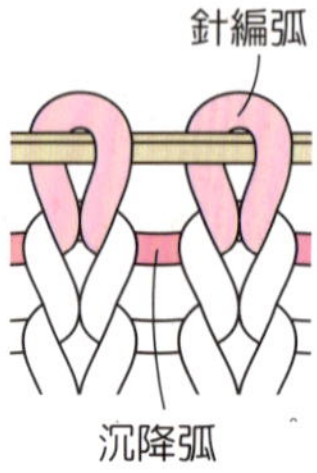

掛在棒針上的圓弧稱為「針編弧」，針目與針目之間的橫向渡線稱為「沉降弧」。針編弧的右半部位於棒針前方並掛在棒針上。這種針目方向適用於下針、上針及其他所有編織方式。

認識針目記號

針目記號就是用符號來表示編織方法的標記，就像音樂中的音符一樣，即使沒有文字說明，也能僅憑符號了解編織方法。

透過針目記號的組合，可以表現出不同的花樣，如此一來，即使沒有詳細的說明，不同人也能織出相同的作品。就讓我們從下針、上針、收針等基本編織方法開始一步步學習吧。

在日本，針目記號是根據日本產業規格（JIS）制定的，大部分書籍都會使用相同的符號。雖然也有一些不是 JIS 符號，但只要稍微學習過，就能在看到大多數符號時迅速理解「這是在表示某某編織方法」。換句話說，針目記號是編織界通用的溝通工具。

本書所使用的針目記號

針目記號	名稱	第一次出現的頁數
∣	下針	P.20
—	上針	P.27
●	收針・套收針	P.23
○	空針（或稱：掛針）	P.41
℧	扭針	P.46
⋋	左上兩併針	P.51
⋌	右上兩併針	P.52
⋏	中上三併針	P.56
⍉	捲針	P.102
V	滑針	P.104

解讀織圖

織圖就像是作品的設計圖，提供了製作該作品所需的資訊（包含使用的線材和針具、尺寸、針數與段數、圖案設計、編織方法、加工方式等等）。

在說明編織方法時，經常會使用針目記號來取代文字，然而織圖本身並沒有統一的規則。想從織圖來了解「設計者究竟想要傳達什麼內容？」，有時就像解謎一樣。因此，首先讓我們從簡單的織圖開始練習解謎的方法吧！

■ 基本的解讀方法

下面為棒針編織固有的織圖，我們藉由它來了解那些符號和數字的意涵，學會基礎的辨識方法。

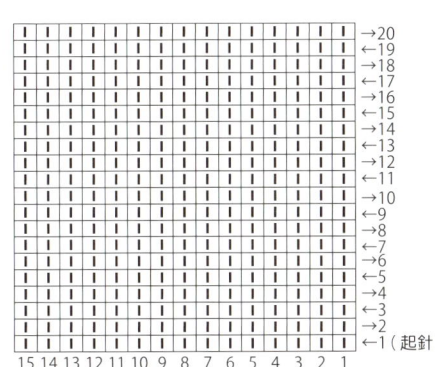

● 一個格子代表一個針目，每個格子中都有針目記號。
● 針目記號表示在編織作品中正面可見的針目（此織圖全部顯示為下針，因此是平面編），並非實際織法。
● 縱向為段數，橫向為針數。從第 1 段第 1 針的格子開始編織。
● 段數旁的箭頭表示編織方向。
　「←」表示從第 1 針的格子向左編織到第 15 針的格子。
　「→」表示從第 15 針的格子向右編織到第 1 針的格子。

現在，讓我們回想一下之前所學的起伏編和平面編。將左針上的針目逐一編織到右針，這表示編織的方向是「←（從織片的右到左）」。而在標示「→」的段數上，大多是將織片翻面編織（每段翻面編織的情況，稱為往復編；若不翻面，固定看著織片的同一面編織，則稱為輪編）。若將織片翻面後編織，即使實際編織方向是「←」，但在織圖上會以「→」顯示。

請將自己編織的平面編與第 33 頁的織圖比較並回顧步驟

1 手指掛線起 15 針。織圖第 1 段旁邊標有「起針」，因此將起針作為第 1 段來計算。

2 編 15 針上針（第 2 段）。從織圖來看，就是從第 2 段第 15 針的格子向右編到第 1 針的格子。

平面編是由「下針」組成，因此針目記號都是下針。但由於第 2 段要將織片翻面，所以看到的是平面編的背面，為了從正面看時也能呈現出下針，因此實際編織的是上針。這種織圖與實際織法相反的方式，稱為「反向操作」。雖然織圖上沒有標示「上針」，但可以根據編織方向的箭頭來判斷應該要在哪裡織上針。

■ 比較兩種織圖

第 19〜25 頁的「起伏編的正方形織片」，若轉換為織圖，會變成以下的 A 或 B 圖樣。

圖 A

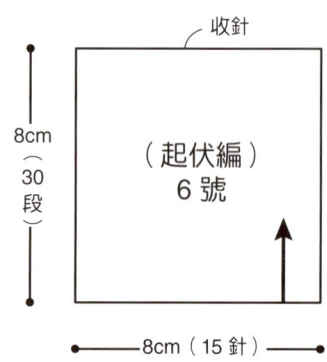

〔從這個織圖可以得到的資訊〕
❶ 從圖形來看，這是寬 8cm、長 8cm 的正方形。
❷ 從下向上的箭頭表示從正方形的底邊開始往上編織。
❸ 編織方式為起伏編，「6 號」表示棒針的尺寸。
❹ 最後使用套收針收尾。

▶從 ❶〜❹ 點可以知道，要用 6 號棒針來編織起伏編的正方形。如果熟悉起伏編的方法，僅憑這張織圖就能完成相同的正方形。但由於每個人的力道不同，成品未必一定是 8cm。因此，織圖的設計者會預設「使用 6 號針織 15 針 30 段的起伏編，可能會接近 8cm 大小，但如果沒有達到，可以自由調整針數、段數或針的尺寸。而如果嫌麻煩，成品尺寸也可以隨意修正！」
雖然某些編織作品若不根據尺寸調整力道、針數和段數等會產生困擾，但這屬於更進階的問題，現在各位就先按照織圖上的針數和段數進行編織，體驗一下會出現多大的差異吧！

圖 B

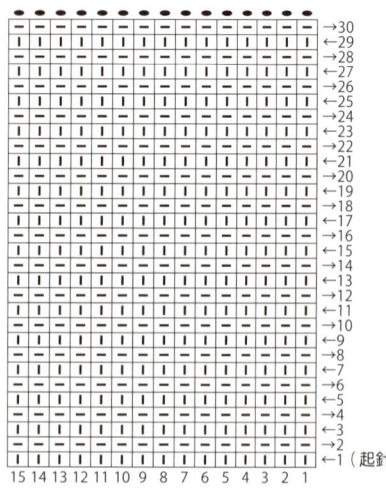

〔從這個織圖可以得到的資訊〕
❶ 雖然知道是在編織四方形，但由於不清楚實際的比例，因此不確定是否為正方形。
❷ 段數旁邊的箭頭表示，在編織時每段都要翻面一次，也就是進行「往復編」。
※若看圖 A 便會發現，織圖並未列出每段的編織方向。但由於形狀是四角形，並且從下到上只有一個箭頭，因此可以判斷是往復編。
❸ 根據格子內的針目記號所示，這是下針和上針每段交替編織，因此可以確定是「起伏編」。
❹ 由於有收針記號，因此最後以套收針結束。

▶從 ❶〜❹ 點可以歸納出以下編織步驟：
• 起針織 15 針。
• 在偶數段進行上針的反向操作，所以實際編織下針。
• 在奇數段按照針目記號編織下針。
• 織完 30 段後，進行收針。

輪編的情形

使用四支、五支棒針或輪針,並且每段以相同方向進行編織的方法叫做「輪編」。往復編會織出平面的織物,然而輪編可以編織成筒狀,因此經常使用於製作襪子或手套等。

織圖

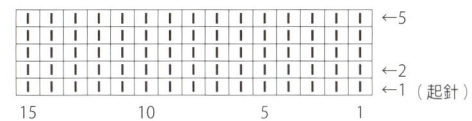

編織每一段時都是看著織片的正面,因此在這種情形下,會重複編織下針。

僅使用下針和上針編織的花樣

透過下針和上針的組合,便能創造出各種圖案。

桂花編

織圖

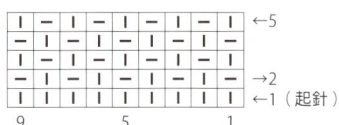

實際編織方法

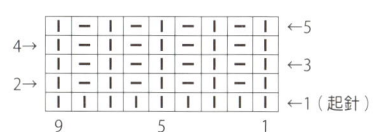

這是用 1 針下針和 1 針上針縱橫交替編織而成的花樣。也有以 2 針 2 段進行組合的編織圖案。

一針鬆緊編

織圖

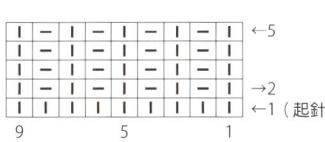

實際編織方法

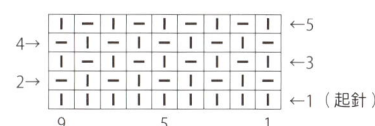

交替編織 1 針下針和 1 針上針,使縱向形成凹凸條紋、具有伸縮性的織片。此外,也有 2 針下針和 2 針上針交替編織的「二針鬆緊編」。

三針下針＋兩針上針的變化鬆緊編

織圖

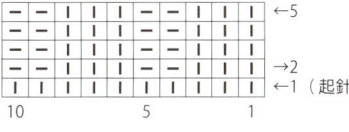

實際編織方法

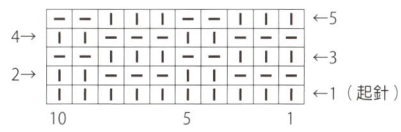

這是鬆緊編的變化型,從織圖來看,必須重複編織 3 針下針和 2 針上針。在編織露指手套(第 78 頁)時便是使用這種花樣。

35

> 解決棒針編織常見的問題

針目從針上脫落並鬆開

這裡將介紹只需重新編織脫落部分即可完成修補的方法。縱然剛開始會有些困難,但學會之後,對於編織作業很有幫助。如果覺得此技巧太難,也可以選擇退回到脫落的那一段重新編織。

以右圖中左針上的一個針目脫落,導致前一段的針目鬆脫為例進行說明。

❶ 使用棒針修復

1 將左針穿入脫落的針目(最靠近脫針後仍保持環狀針目那一段的針目)。

2 如果針目的方向相反,則將其移到右針上調整方向,然後再移回左針。

3 穿入右針準備重新編織。照片中顯示的是下針鬆脫,因此按照編織下針的方式穿入棒針。

4 將背面橫跨的線(鬆脫的針目)從脫落的針目中拉出。

5　確認拉出的線的針目方向，並將其移到左針上（照片是針目方向相反的情形）。

6　這樣鬆脫的針目即完成修復。

❷ 使用鉤針修復

1　將鉤針穿入脫落的針目。為了避免在後續步驟中發生扭轉，穿入時需確保針目方向與棒針相反。

2　將背面橫跨的線掛在鉤針上，從脫落的針目中拉出。

3　確認拉出的線的針目方向，然後將其移到左針上。

4　這樣鬆脫的針目即完成修復。

37

> 解決棒針編織常見的問題

換線・接線

編織中若遇到線用完等需要換線的情況時，有幾種更換方法。本書中將使用以下方法來換線。

1. 針目容易在換線的地方變形，因此請在不太顯眼的邊緣換線。

2. 編織完一段後停止動作，放下原來的線。餘線請保留約 10cm 以上。

3. 換上新的線（為了便於理解，在此使用不同顏色），將線頭預留約 10cm 再使用。

4. 用拇指和中指壓住線，並繃緊食指上的線（照片展示的是編織下針的拿法，若是編織上針，請將線移至棒針前方並壓住）。

5. 持續編織新的線。剛開始編織時，若食指上的線拉得太緊，線頭會脫落，因此在編織 2～3 針之後，要調整針目的大小。

線打結

在編織過程中，若出現打結的情形，請將結鬆開或將打結的部分剪掉。

1　線打結的模樣。

2　將結用手鬆開，或者將打結的部分剪除。

3　按照更換新線的方法，開始編織。

編織途中想要暫停

在編織途中想休息一下或起身走走時，要確保針目不會從棒針中脫落。

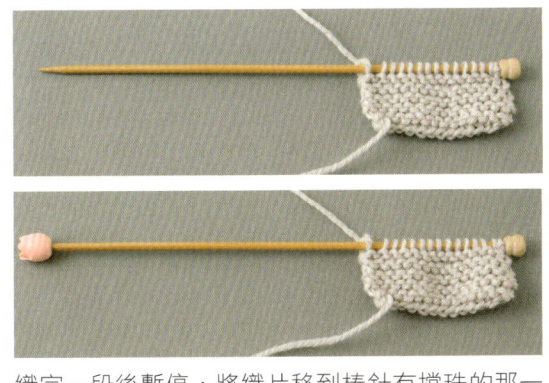

織完一段後暫停，將織片移到棒針有擋珠的那一端。在針尖上套棒針固定器會更加安全。

盡量不要在一段的中途停下。若不得不中斷而重新開始時，不要翻轉織片，直接繼續編織。另外，由於編織力道改變會使針目容易變形，因此重新開始編織時，請注意針目的大小。

Step 3

加針與減針

到目前為止練習的織片，都是以相同針數直線編織成正方形。如果想要做出各種不同的形狀，就必須透過加針、減針的技巧。編織一針到數針來增加針目，稱之為「加針」；將數針合併成一針來減少針目，則稱之為「減針」。現在，就來嘗試編織三角形和梯形圖案吧！

> 從這一頁開始會出現織圖囉！不要退縮，一邊對照織圖和步驟照片，一邊熟悉編織吧！

A 起伏編的三角形織片（空加針）

在單側以「空針」增加針目，編織出一個直角三角形。

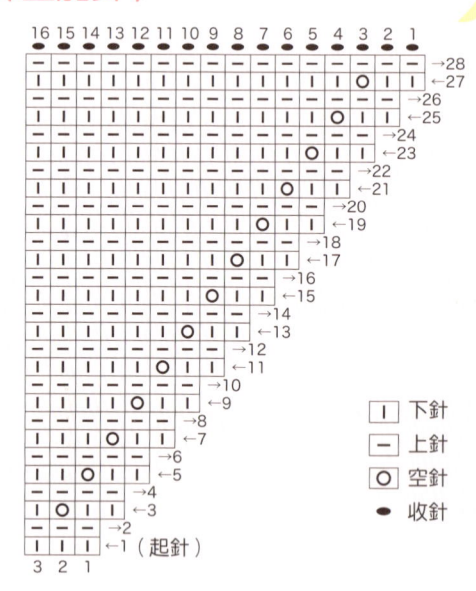

	符號
Ⅰ	下針
―	上針
○	空針
●	收針

■ 起針

從手指掛線起針開始。

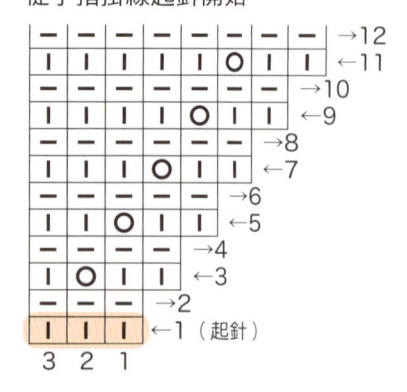

1 預留約 15 cm 的線頭後開始編織。手指掛線起 3 針，這是第 1 段。

40

■ 編織第 2 段

第 2 段的編織方向為「→」，在這一段會看著背面編織，因此實際上要編織下針。

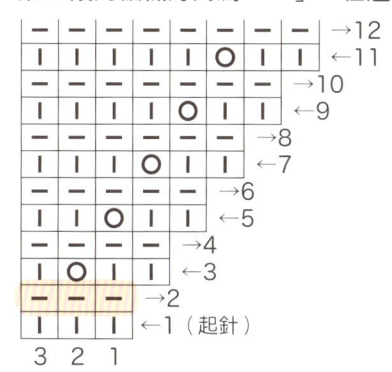

2　織圖裡的針目記號為上針，但實際編織時為 3 個下針。

■ 編織第 3 段

按照針目記號進行編織。第 3 針編織「空針」來增加針目。

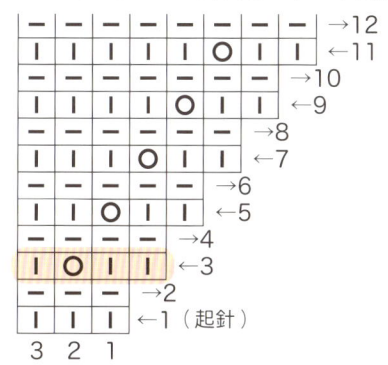

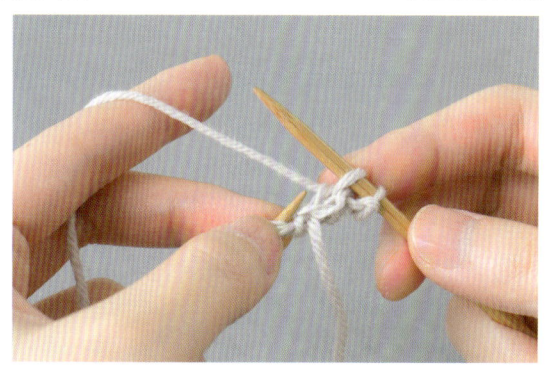

觀看影片
同步確認

3　編織 2 針下針。

4　用右針挑線，讓線由前往後掛在針上（空針），此為第 3 針。

5　接下來編織 1 針下針。為了防止空針滑落，用右手食指按住空針再編織。

Step 3 加針與減針

6 編織完第 3 段的樣子。此段即完成了 1 個加針，針數增加 1 針，變為 4 針。織圖中也增加 1 格，變為 4 格。

\ check /

- 奇數段按照針目記號編織下針，偶數段則以反向操作編織下針。從最終結果來看，從頭到尾只使用了下針。
- 空針只在奇數段進行。所有奇數段的第 3 針皆為空針，每一段都是重複「編織 2 針下針後，編織 1 針空針，剩下的全編織下針」即可。

■ 編織第 4 段

第 4 段為偶數段，因此不需增加針目，只要編織與前一段相同的針數即可。

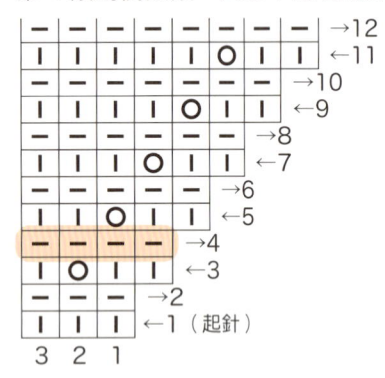

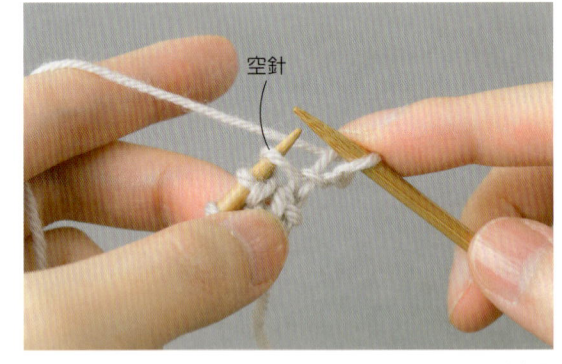

7 編織下針。遇到前一段的空針時，同樣將棒針穿入針目裡進行編織。

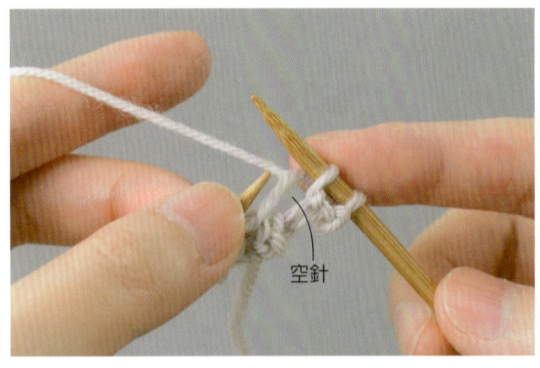

8 這是在前一段空針編織好下針的樣子。如圖所示，完成空針的地方會形成一個洞。

9 這是編織完第 4 段的樣子。

◼ 編織第 5 段

此段是奇數段，所以第 3 針為空針。

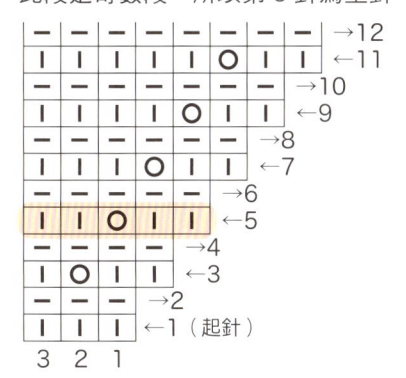

10　編織 2 針下針，再進行空針。

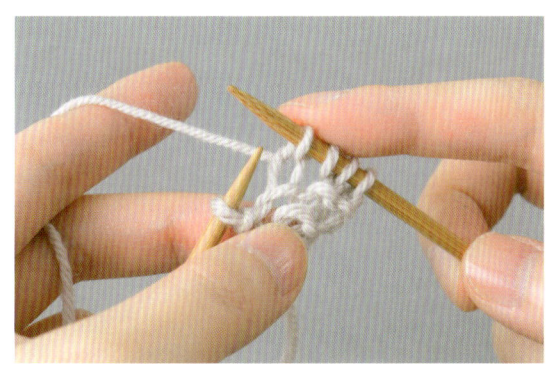

11　剩下的針目皆編織下針。

12　第 5 段編織完成！此段增加了 1 針，因此針數變成 5 針。同時，織圖也增加了 1 格，變為 5 格。

◼ 編織至 28 段

以同樣的方式持續編織。

13　這是編織到第 18 段的樣子。

Point

從正面看，織片右側會逐漸變斜。出現孔洞的地方就是空針的部分。如果不記得進行到第幾段，只要記住，若是從斜的那一側開始編織即為奇數段，從直的那一側編織則為偶數段。

43

Step 3　加針與減針

14 編織完 28 段。由於編織過程中進行了加針，所以最後針數為 16 針。

■ 收針
最後以套收針收尾（收針方法參考第 23 頁）。

15 編織 2 針下針，然後將第 1 針套在第 2 針上，即完成一針套收。

16 將 16 個針目依序進行收針。最後一個針目收好後，線頭暫時保持原樣即可。

17 利用空加針技巧，以起伏編製作的三角形織片即完成！

B 起伏編的梯形織片（扭加針）

透過扭轉沉降弧進行加針，編織出梯形。

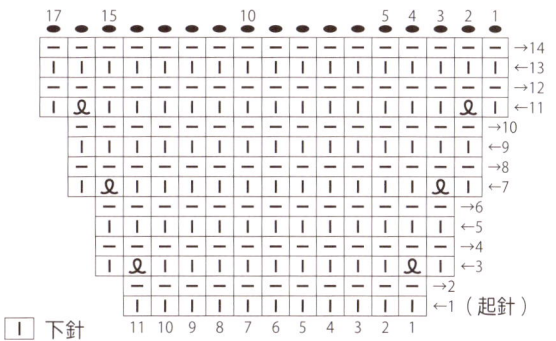

I	下針
—	上針
Ω	扭加針（織圖的右側做左扭加針，左側做右扭加針）
●	收針

■ 起針

從手指掛線起針開始。

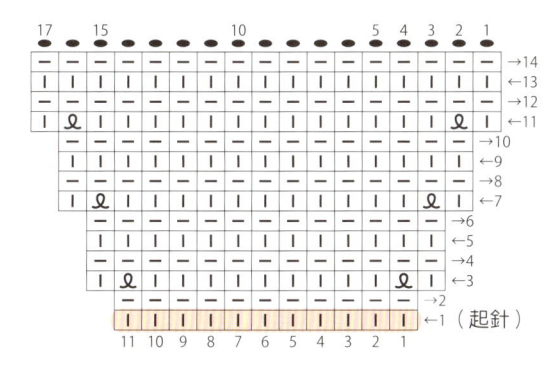

1 線頭預留 15cm 後，手指掛線起 11 針。

■ 編織第 2 段

此段編織方向為「→」，也就是看著背面編織，因此針目記號雖然是織上針，但實際上要織下針。

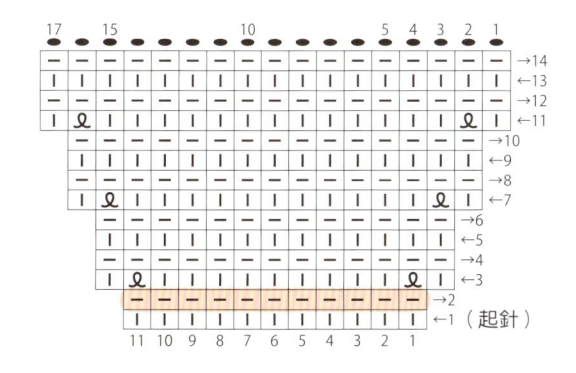

2 編織 11 針下針。因為是起伏編，所以之後的偶數段也都是織下針。

45

Step 3　加針與減針

■ 第 3 段的兩側進行扭加針

在兩端的第 2 針分別進行「左扭加針」和「右扭加針」。

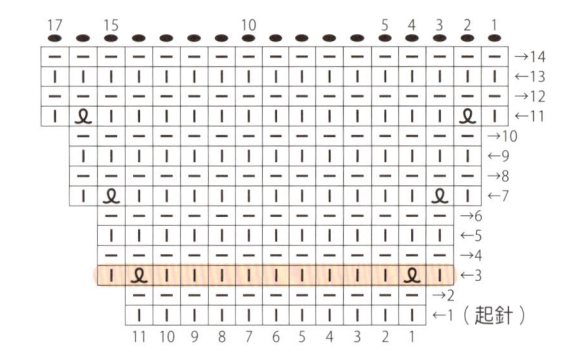

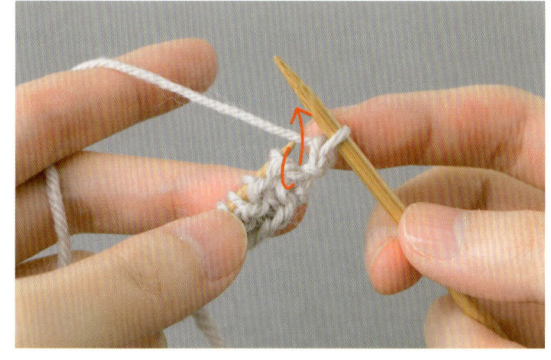

3　編織 1 針下針後，用左針從前方挑起下方那一段的沉降弧（第 1 針與第 2 針之間的橫線）。

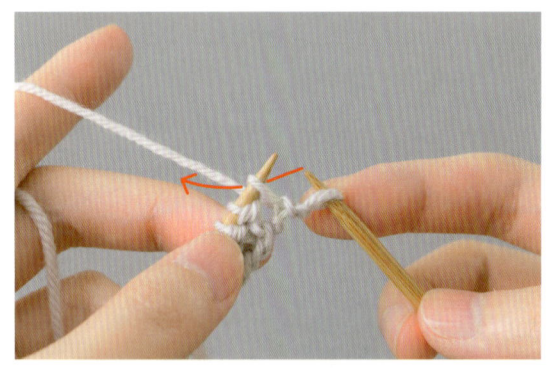

4　按照箭頭所示，將右針（從與左針尖相對的方向）穿過挑起的沉降弧。

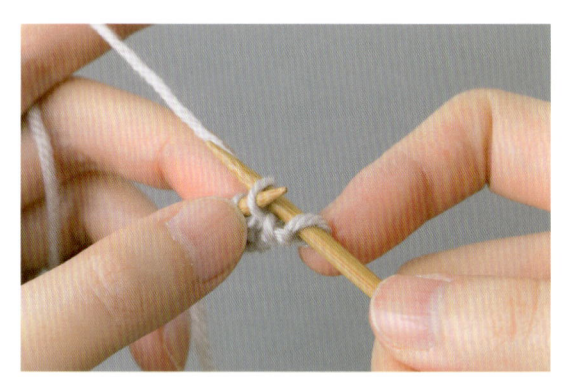

5　圖為右針從左針後方穿出的樣子。接著編織 1 針下針。

Point

如果用左針挑起沉降弧有難度，可以先用右針挑起，再轉移到左針上。

1　將右針從另一側挑起沉降弧。

2　將左針從與右針針尖相對的方向穿入，並轉移線圈。

左扭加針 下針
扭針

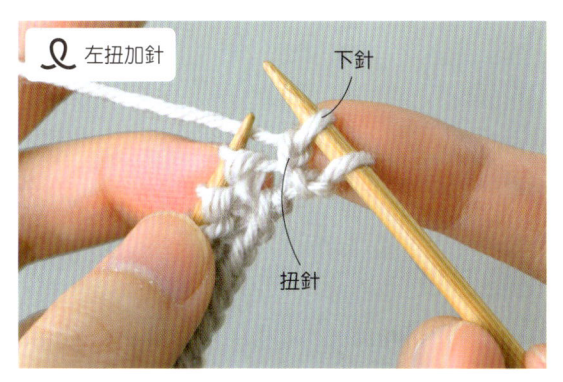

6　編織下針後，下方那一段的沉降弧會被扭轉並增加 1 針，這就是「左扭加針」。

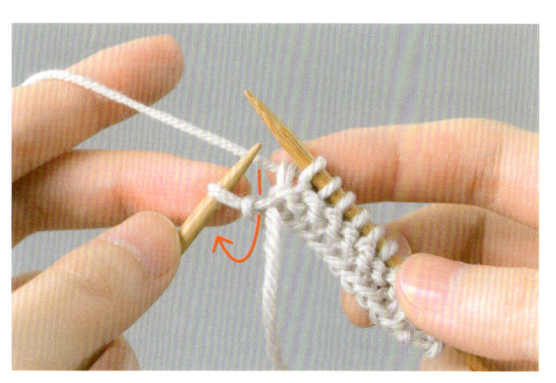

7　持續編織下針，直到剩最後一針時，用左針從後方挑起下方那一段的沉降弧（方向與步驟 3 相反）。

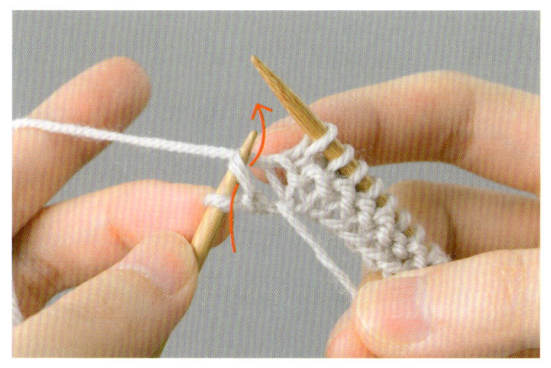

8　圖為挑起後的樣子，針目的方向相反。如同箭頭所示，再將右針穿過挑起的沉降弧（與編織下針相同）。

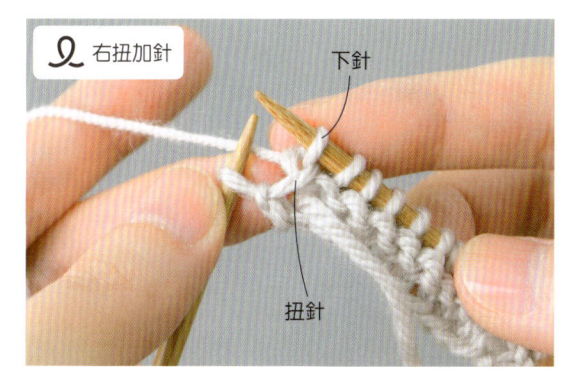

9　編織 1 針下針。

右扭加針 下針
扭針

10　圖為已編織出下針的樣子。針目扭轉方向與步驟 6 相反，增加了 1 針，這就是「右扭加針」。

11　最後編織 1 針下針，完成第 3 段。在此段增加了 2 針，總共 13 針。織圖的兩端各增加了 1 格。

47

Step 3　加針與減針

■ **編織 4～6 段**

編織相同針數的下針。

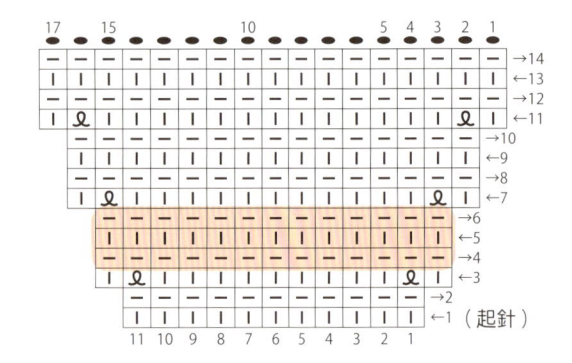

12 第 4～6 段都編織下針。

■ **第 7 段的兩側進行扭加針**

編織與加針方式與第 3 段相同。

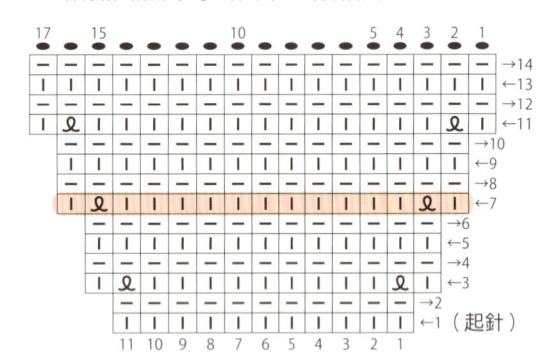

13 編織 1 針下針，接著挑起下方那一段的沉降弧，編織「左扭加針」。

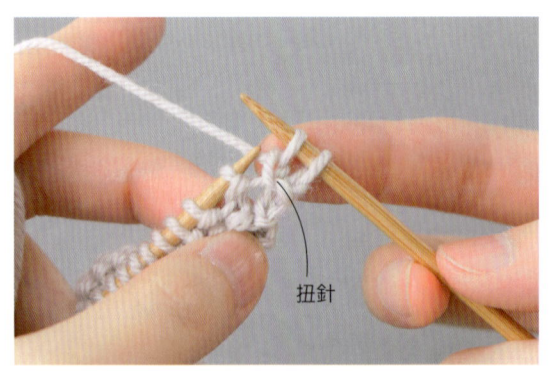

14 完成左扭加針的樣子。

15 持續編織下針，直到最後一針時，挑起下方那一段的沉降弧，編織「右扭加針」。

16 完成右扭加針的樣子。

17 最後編織 1 針下針，完成第 7 段。在此段增加了 2 針，總共 15 針。

■ 編織至 14 段

按照織圖持續增加針數，編織出 8～14 段。

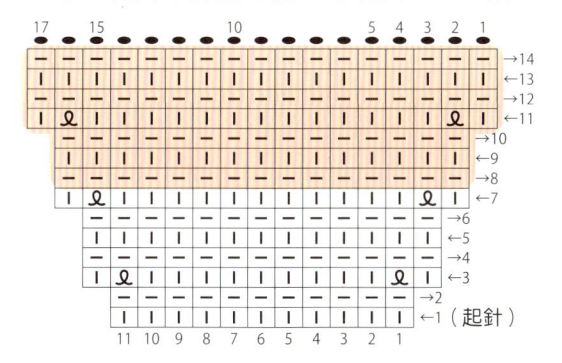

18 編織完 14 段，最後總計是 17 針。

■ 收針

最後以套收針來結尾（收針方式參考第 23 頁）。

背面

19 收針後，線頭暫時保持原樣即可。利用扭加針技巧，以起伏編製作的梯形織片即完成！

49

Step 3 加針與減針

C 起伏編的三角形織片（兩併針、三併針）

將兩針或三針併為一針，一邊減針一邊編織出等腰三角形吧！

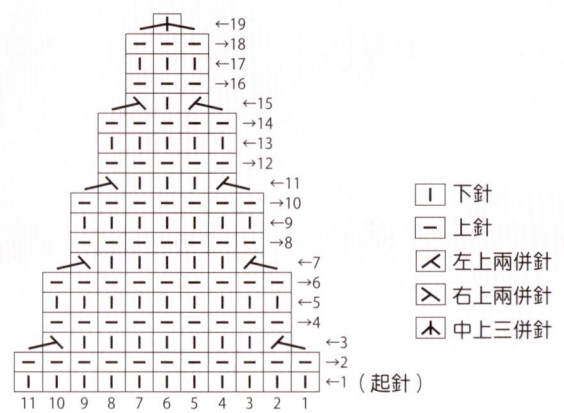

圖例：
- **I** 下針
- **−** 上針
- **⊼** 左上兩併針
- **⋏** 右上兩併針
- **⋀** 中上三併針

■ 起針

從手指掛線起針開始。

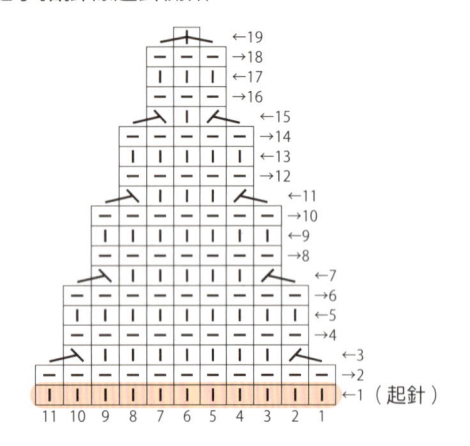

1 線頭預留 15cm 後，手指掛線起 11 針。

■ 編織第 2 段

整段都編織下針。因為是起伏編，所以之後的偶數段也是編下針。

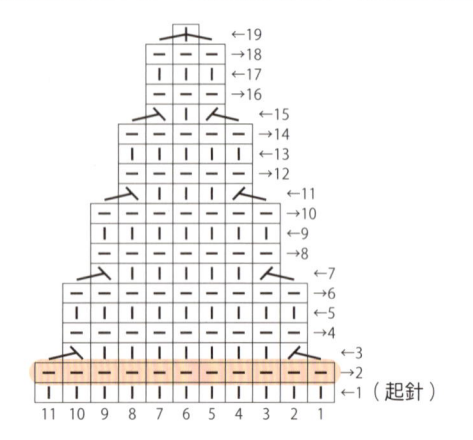

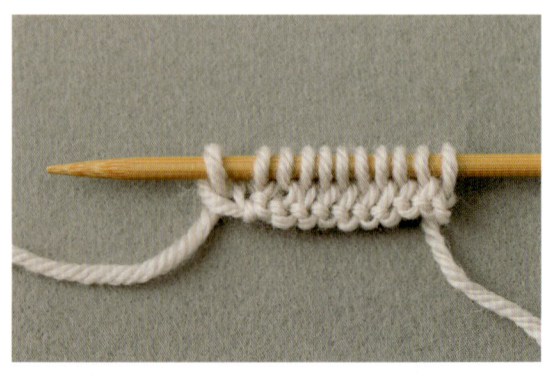

2 編織 11 針下針。

■ 第 3 段的兩端進行減針

使用「左上兩併針」和「右上兩併針」來編織。

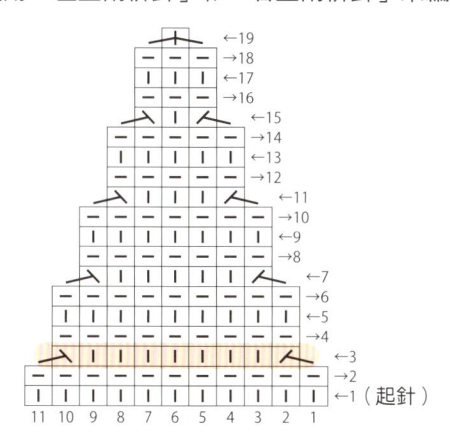

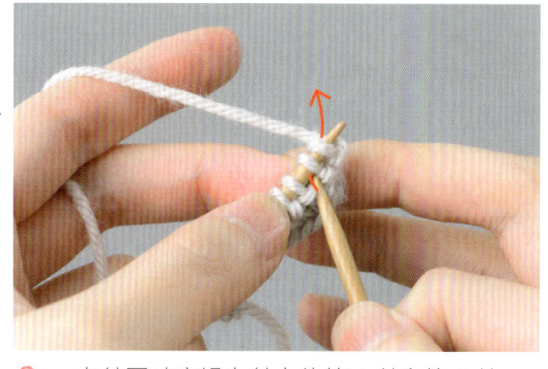

3 　右針同時穿過左針上的第 1 針和第 2 針。

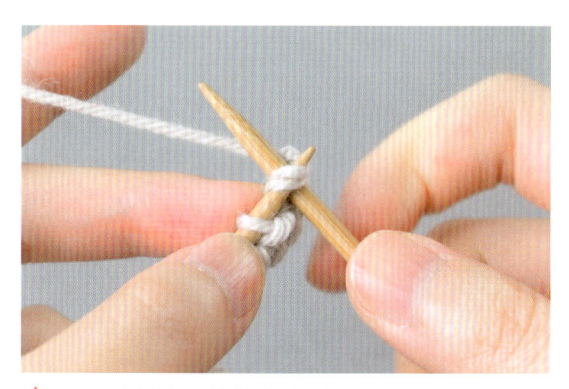

4 　兩針都穿過棒針的樣子。

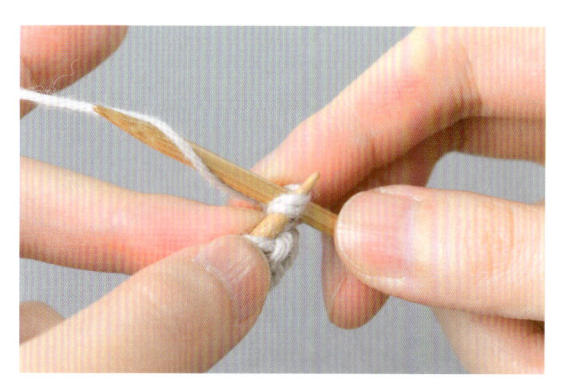

5 　編織 1 針下針。在拉出掛線時，要從兩個針目中一口氣拉出來。

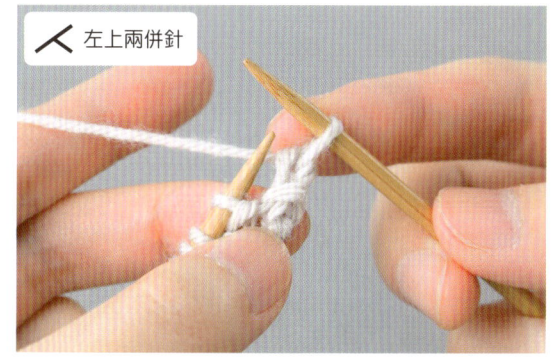

人 左上兩併針

6 　第 2 針（左側的針目）疊在上面，兩針合成一針，這就是「左上兩併針」。

7 　持續編織下針，直到剩下兩針。

Step 3　加針與減針

8　第 1 針不做任何編織，直接將右針像織下針般穿入後，將針目移到右針上。

9　第 1 針已移到右針上的樣子。下一個針目編織下針。

10　將左針穿入步驟 9 移到右針的第 1 針中，並如箭頭所示套過去（參考套收針）。

觀看影片
同步確認

入 右上兩併針

11　第 1 針（右側的針目）疊在上面，兩針合成一針，這就是「右上兩併針」。

\ check /

「左上兩併針」和「右上兩併針」都是將兩針合併為一針的減針方法。當合併成一針時，兩針會重疊，而根據最後疊在上面的是左側針目或右側針目，而被區分為「左上」或「右上」。由於這兩種編織方法會形成不同的花樣，有時可以用來製作圖案，因此建議兩種織法都學會。

■ 編織 4～6 段

編織相同針數的下針。

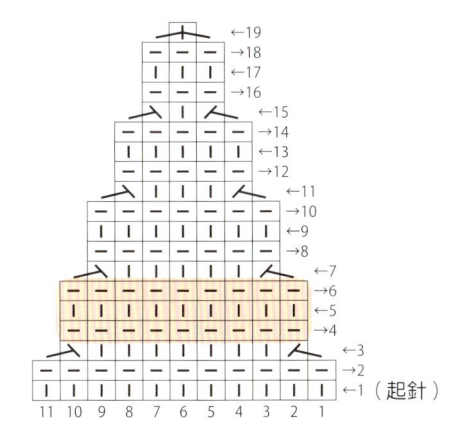

12 在第 3 段進行減針後，接著 4～6 段都是以下針編織。

■ 第 7 段的兩端進行減針

編織與減針方式與第 3 段相同。

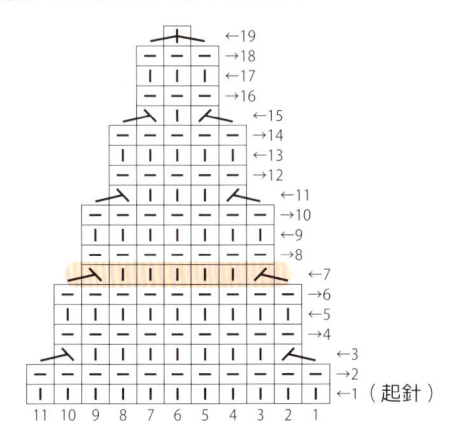

左上兩併針

13 將棒針同時穿過第 1 針和第 2 針，進行「左上兩併針」。

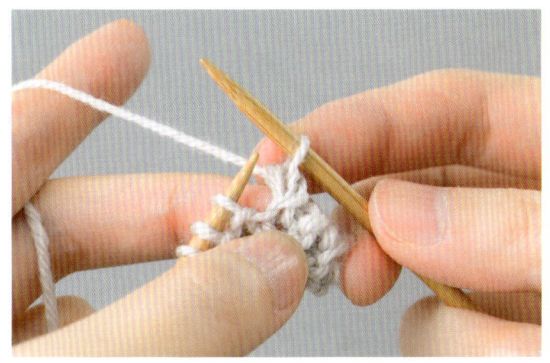

14 完成左上兩併針的樣子。

右上兩併針

15 持續編織下針，直到最後兩針時進行「右上兩併針」。

Step 3　加針與減針

16 將右針穿入第 1 針，並直接將針目移到右針上。

17 下一個針目編織下針。

18 將左針穿入右針上的第 1 針並套過去。

19 完成了右上兩併針。

20 編織完第 7 段。

■ 編織 8〜18 段

做法與前面相同，請一邊看著織圖，一邊編織到 18 段。

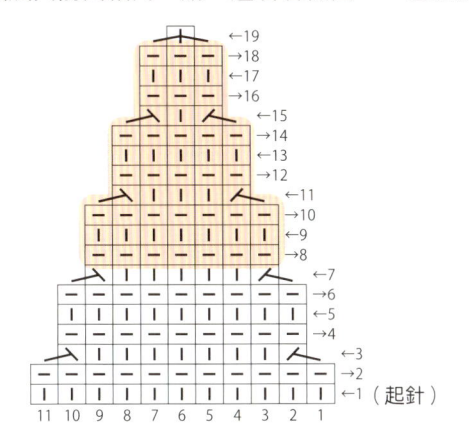

21 第 8〜10 段不進行任何增減，以下針進行編織。

\ check /

在兩端使用「左上兩併針」和「右上兩併針」，進行減針的是第 3、7、11、15 段。每次減針後的三段都不需要減針，只需編織下針。只要了解此邏輯，就能順暢地編織下去，過程中也只需稍微確認織圖即可！

22 第 11 段與第 3、7 段相同，兩端進行減針。編織到此段時，針數共為 5 針。

23 第 12〜14 段不用減針，持續編織下針即可。這是織完 14 段的樣子。

24 第 15 段也是在兩端減針，最後針數為 3 針。第 16〜18 段不減針，只需編織下針。

Step 3　加針與減針

■ 第 19 段進行減針

這裡會使用將三針併為一針的「中上三併針」。

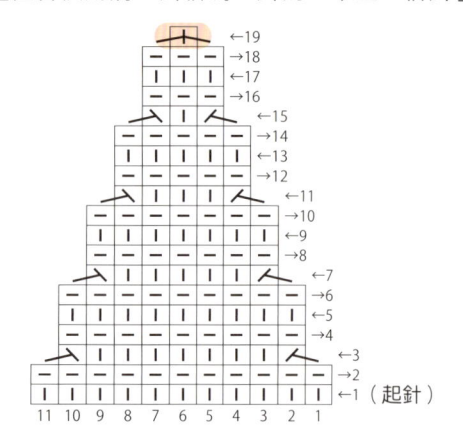

中上三併針

25 第 1 針和第 2 針都不編織，將右針同時穿過兩個針目，並移到右針上（以編織下針的方向穿入）。

26 最後一針編織下針。

27 編織完下針的樣子。

28 將左針同時穿入在步驟 25 移至右針上的兩個針目中，並如箭頭所示套過第 3 針。

29 第 2 針（中間的針目）重疊在上面，三針合併為一針，這就是「中上三併針」。

30　完成了 19 段的編織。

■ 結束編織並收尾
此處不收針,拉出線頭並收緊即可。

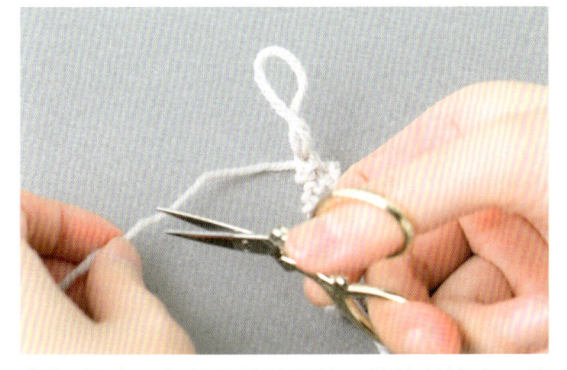

31　拉出一個較大的線圈後,將棒針抽出,線頭留下 7～8cm,其餘剪掉。

32　將線頭穿入線圈中並拉緊。線頭暫時保持原樣即可。

33　利用併針技巧,以起伏編製作的三角形織片即完成!

57

Step 4

縫合・拼接

欲將織片連接在一起時，通常會使用「綴縫」或「併縫」的技巧（具體名稱會根據段與段、針目與針目或針與段的連接而有所不同）。這些技巧有多種做法，而在本書中，我們僅重點介紹「挑縫」和「捲邊縫」兩種縫合方式。

■ 將線穿入毛線針

挑縫和捲邊縫都是使用毛線針，所以先來學會將毛線穿針的方法吧！

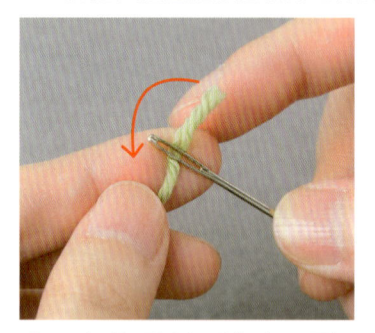

1 把線頭抓在手指上，再把毛線針放在線頭上。將線頭折疊夾住毛線針。

2 緊緊抓住折疊的部分，將針向外滑出。

3 再將折疊部分推進針孔。

4 折疊部分穿過針孔後，再把線拉出來。

5 為了防止線頭在編織過程中滑出，保留大約 7～8cm 的線長。

7～8cm 左右

> 毛線較為柔軟，穿針時會比一般縫線更難，但學會這個方法就可以免用穿線器哦！

挑縫

看著織片正面，從邊緣內側的第 1 針逐段挑起沉降弧，將兩塊織片連接起來。若將兩塊織片的兩端都進行縫合，就能做出圓筒的形狀。此縫合法可以讓接縫處整齊，而且從正面幾乎看不到接縫。這裡示範的是將兩片平面編的段與段縫合。

觀看影片
同步確認

■ 編織兩個正方形

一邊複習平面編，一邊按照織圖編織兩個正方形（編織方法參考第 26 頁）。

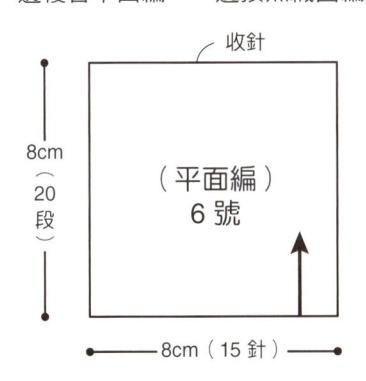

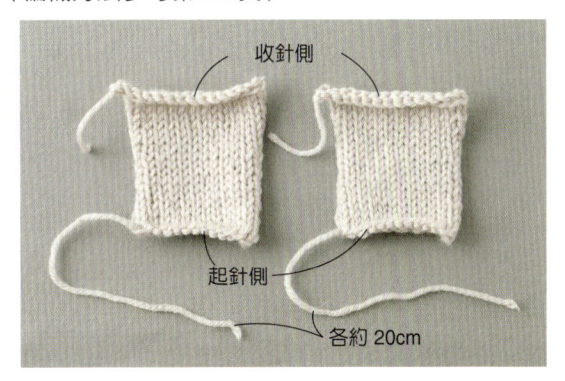

收針

8cm
（20段）

（平面編）
6 號

8cm（15 針）

收針側

起針側

各約 20cm

1　開始編織正方形之前，預留約 20cm 的線用於挑縫。

■ 進行挑縫

將兩塊織片對齊擺放，從起針那一側開始進行挑縫。

2　將兩塊織片的正面朝上擺放。將毛線針穿過預留在右側織片起針側的線（為了便於區分，這裡使用不同顏色的線）。

Step 4　縫合・拼接

3　首先連接兩塊織片的起針處。從左側織片起針處的內側穿入毛線針。

Point
平面編的織片具有捲曲的特性，邊緣的針目會捲到背面，因此在穿針時需要翻開織片來找到合適的位置。這裡穿針的位置是起針時用手指做的「第一個圈」。

4　返回右側織片，如圖所示，挑起起針處的針目。

5　拉緊線，便能將連接處的線隱藏起來。

6　接下來回到左側織片，挑起第 1 針內側的沉降弧（也就是橫跨第 1 針和第 2 針之間的線）。

7　右側織片亦同，挑起邊緣針目和下一針之間的沉降弧。按照同樣方式，試著交替挑起每一段看看吧！

\ check /
來尋找沉降弧吧!

沉降弧存在於每一針中,請試著從左側照片中找出沉降弧的位置(藍色部分=針編弧,紅色部分=沉降弧)。進行挑縫時,必須逐段挑起邊緣第 1 針和第 2 針之間的沉降弧,因此懂得辨識針目相當重要。由於邊緣的針目形狀容易變形,所以如果還不熟悉,也可以從第 2 針開始尋找。

8 進行最後一段的挑縫。

■ 收尾

將兩塊織片縫合成筒狀時,在最後收尾用點小技巧,可以讓連接處更平整美觀。

9 當挑縫到最後一段時,將針穿入右側織片收針的針目中間。

10 再從左側織片的內側穿入收針的針目。

Step 4 縫合・拼接

11 將針返回到步驟 9 的針目，從織片的內側穿出。

12 將線收緊並調整針目大小，使其與其他收針的針目一致。

13 織片另一端也用同樣方法，看著正面，一邊觀察、一邊縫合。

14 透過縫合技巧，即完成筒狀織物。剩餘的線可以先維持原樣，稍後再處理（請見第 67 頁）。

捲邊縫

在這裡要教大家將梯形和三角形織片（第 45 頁和第 50 頁）連接起來，形成一個大三角形的「捲邊縫」做法。示範內容為將兩片起伏編的起針側（針目與針目）縫合。

■ 將織片正面相對疊放

將兩塊織片的正面朝同一側，對齊後相疊。

1　將梯形與三角形織片如照片般放置。

2　將兩塊織片的正面相對疊放（也可以是正面朝外）。準備縫合兩塊織片的起針側。

■ 進行捲邊縫

將兩塊織片疊在一起，逐針進行捲邊縫（這裡為了方便區分，使用了不同顏色的線）。

3　預留比縫合部分的寬度大三倍的線長，並穿入毛線針。

4　將毛線針從前方同時穿過兩塊織片，並從後方穿出。此時，針要確實穿過兩塊織片的起針處（最一開始的線圈）。

63

Step 4 縫合・拼接

5 在與步驟 4 相同的位置上,將針從前側織片的背面穿到正面(根據作品不同,有時不需要此步驟)。

6 將針從後方同時穿入兩塊織片的下一個起針處,並從前方穿出(有時會以反方向穿過針線)。

7 針穿出後,將線拉緊。重複步驟 6〜7 直到結束。

8 逐針穿過每一個針目,便可以確保連接穩固,不會錯位。

9 最後只在後側織片上,將針從正面穿到背面並拉緊線(根據作品不同,有時不需要此步驟)。

10 兩塊織片拼接完成,形成一個大三角形!剩餘的線可以先維持原樣,稍後再整理即可(請見第 67 頁)。

Step 5

來製作裝飾旗吧

我們來整理一下到目前為止做好的基本圖案織片，並將它們串起來做成掛飾吧！可以直接使用練習的織片，也可以使用不同顏色重新編織，隨個人喜好來設計製作就好囉！

準備用品

〔第 19～64 頁的織片〕
Puppy—Queen Anny
※示範使用的顏色：白色（802）、木炭色（833）、綠色（957）、灰色（976）
6 號棒針
〔連接織片用的針線〕
Daruma—Sasawashi
毛線針

連接線放在背面，從兩點固定也可以

間隔隨喜好而定

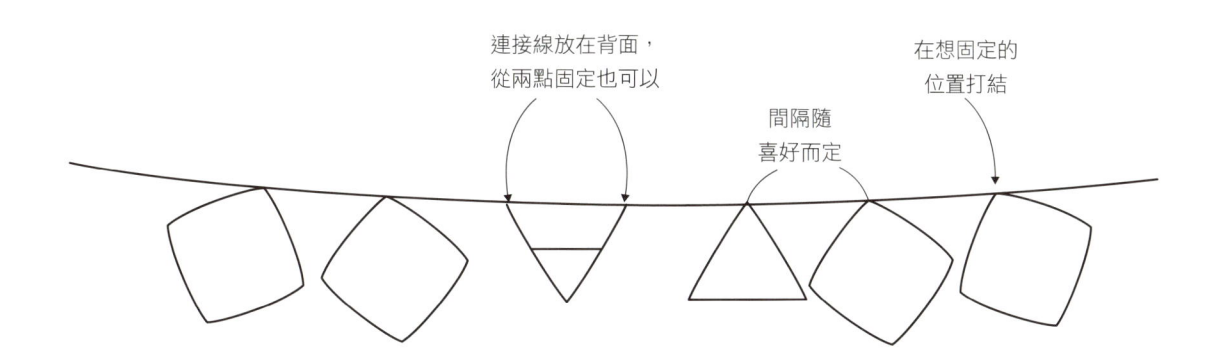

在想固定的位置打結

Step 5　來製作裝飾旗吧

■ 進行線頭收尾

線頭收尾是編織物完成前的最後一步。若直接將線頭剪短很容易導致織片鬆脫，因此必須將所有的線頭都藏到織片背面後再剪。如果在這一步過於急躁，日後使用編織物時，可能會發生線頭露出來的情況，最糟的情況下，編織物甚至會脫線。請按捺住急切的心情，慢慢地完成最後的收尾工作吧！

線頭收尾的目的
1. 隱藏線頭
2. 避免針目鬆脫

※如果有破洞的話，順手一起修補！

1 將線頭穿入毛線針，從織片的背面穿過數個針目，並拉出線頭。

2 適度拉緊線，別讓織片過於緊繃，並隱藏好線頭。緊貼著織片剪掉多餘的線即可。

Point

此處是橫向穿越 3 個針目，但根據線材的不同，有時可以穿過 5 個針目，或者來回穿過 1～2 個針目。線頭收尾沒有固定的規則，可以根據需要，以橫向、縱向、斜向或之字形穿針，將線巧妙地隱藏起來。如果擔心線頭不牢固，可以在織片的邊緣先縱向穿過幾段，再橫向穿過針目。

挑縫的線頭收尾

1　將縫合好的筒狀織物翻面，使兩片正面相對。

2　挑縫後，如果背面的縫合邊（兩端的第 1 針）很靠近，建議在縫合邊進行線頭收尾，如此就不會影響正面效果。而穿線時，若刻意從撚線的間隙穿越，線頭就能更穩固、不易脫落。

捲邊縫的線頭收尾

1　從織片背面捲邊縫的間隙穿過線頭，避免影響到正面效果。

2　另一端的線頭也以同樣方式處理。但若在同一位置藏線頭會增加厚度，因此應稍微錯開兩端線頭重疊的位置。

出現漂亮尖角的技巧

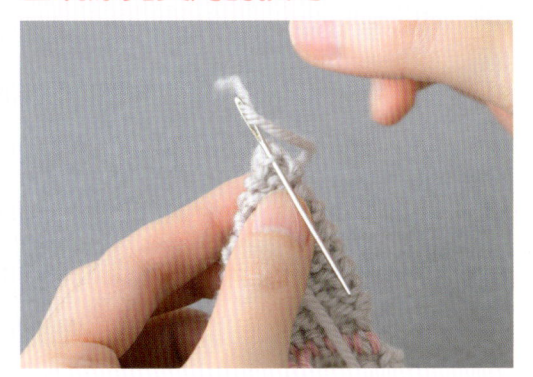

1　將線頭收尾時，可以順便整理織片的角落。若是三角形的頂點，就將毛線針從頂點朝下穿過第 1 針。

2　拉緊線，整理成尖角。之後以不破壞整理好的部分為前提，將線頭收尾。

67

Step 5　來製作裝飾旗吧

■ 將基本圖案織片串在一起

使用毛線針,將不同形狀的織片串成一整條。

1　將連接用的線穿過毛線針,並穿過織片上的針目。為了避免針目變形,必須同時挑起 2～3 條線(不能只挑 1 條)。

2　將線穿過織片後,在想要固定的位置打結即可。

3　若想將織片的同一邊都串在連接線上,需要用針從兩端穿過。

4　操作步驟 3 時,先將針從織片一端的背面穿到正面,再從旁邊的針目穿回去。

5　將針移到織片的另一端,以相同方式穿線。

6　線穿過兩端後,將織片帶到想連接的位置。如果想固定在該位置上,則分別在兩端打結。

episode

3

進階編織風格小物

運用先前所學的基本編織方法，
製作出平常也能使用的生活小物吧！
圍巾、手套、髮帶等等，
希望你能越做越上手、越織越有趣。

〔 **使用說明** 〕

線
標示織線的名稱及使用量、顏色編號等資訊。若廠商本身沒有標明織線的色號，則單純以文字標記。

針
使用棒針的號數。請注意若有兩個號碼，表示中途會換針使用。

變化版
介紹使用不同顏色或不同材質的線編織而成的作品。亦會提供織線的資訊。

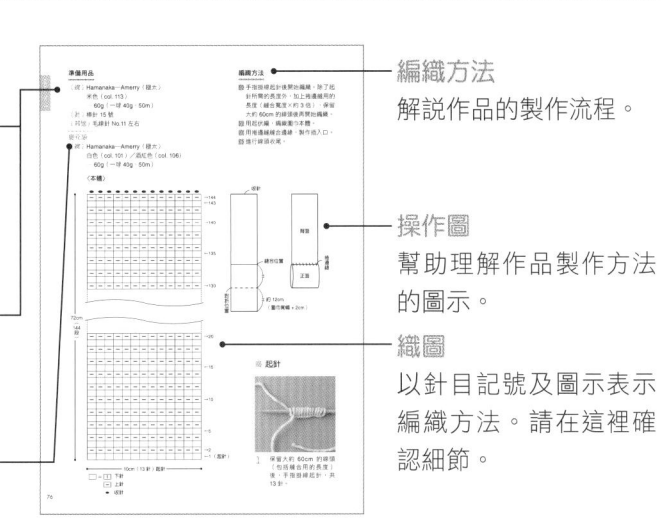

編織方法
解說作品的製作流程。

操作圖
幫助理解作品製作方法的圖示。

織圖
以針目記號及圖示表示編織方法。請在這裡確認細節。

小浪漫
織片耳飾

將平面編的小織片組合金屬配件，
製作成耳環或耳夾吧！
像蕾絲一樣編織得鬆鬆的，
織片就會自然捲曲，非常可愛。
用各種毛線盡情享受編織的樂趣！

織線：Hamanaka—Wash Cotton
特色：可水洗的棉質線
顏色：白色（col. 2）

變化版
即使編織方式相同,只要改變素材,
就會形成完全不同的氛圍。(如下方照片)
標準針為 5〜6 號,
這裡特意使用 10 號針鬆鬆地編織。
織線:Hamanaka—Sonomono Hairy

準備用品

〔線〕Hamanaka—Wash Cotton・白色（col. 2）
　　　… 5g（一球 40g、102m）
〔針〕棒針 10 號
〔其他〕耳環／耳夾金屬配件 … 一組
　　　　C 圈 … 兩個
　　　　平口尖嘴鉗
　　　　毛線針 No.15 左右

變化版

〔線〕也可以使用其他喜歡的線
〔針〕根據線的粗細改變
　　　（建議使用比標準針粗的針）

編織方法

1. 手指掛線起針後開始編織。
2. 編織一個正方形。
3. 將 C 圈和耳環、耳夾的金屬配件穿過織片的一角。

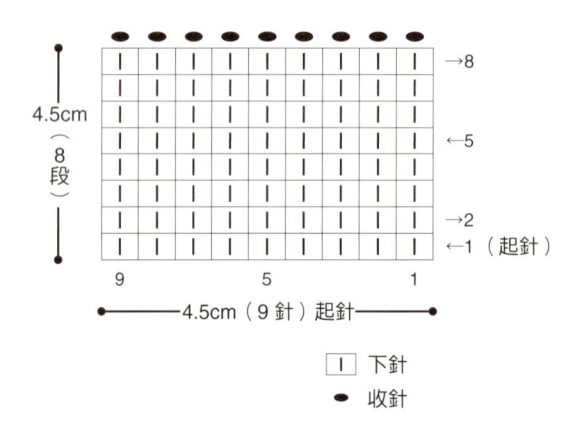

使用的金屬配件

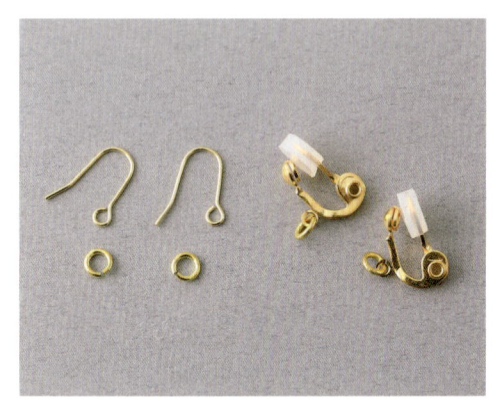

耳環、耳夾金屬配件與 C 圈
（更換成自己喜歡的款式也 ok！）

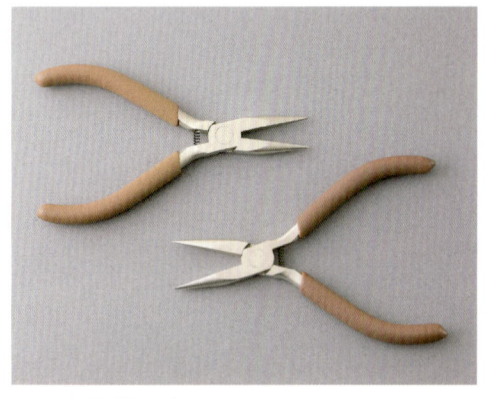

平口尖嘴鉗兩支
安裝 C 圈時使用。若有兩支，在打開或閉合金屬環時會比較容易。

4.5cm（8 段）
→8
←5
→2
←1（起針）
4.5cm（9 針）起針

| 下針
● 收針

變化版
（73 頁・照片 9 的起伏編）

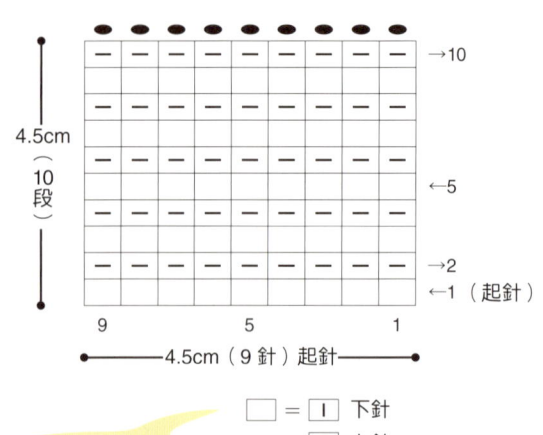

4.5cm（10 段）
→10
←5
→2
←1（起針）
4.5cm（9 針）起針

□ = | 下針
－ 上針
● 收針

織圖有時也會省略針目記號。如果有空白處，請從圖例中確認省略的針目記號是什麼。

■ 起針

1　手指掛線起針,共 9 針。

■ 編織正方形

2　以平面編的做法,編織出一個正方形。

■ 收針

3　編織完成後收針。

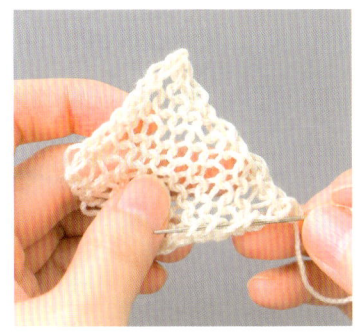

■ 安裝 C 圈與金屬配件

4　進行線頭收尾。由於在安裝 C 圈時可能會導致線頭脫落,因此在隱藏線頭時,要避開打算裝金屬配件的地方。

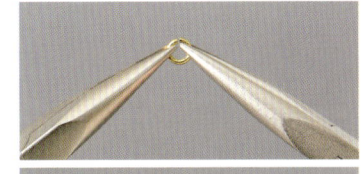

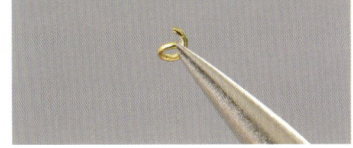

5　用平口尖嘴鉗將 C 圈前後扳開。

6　用 C 圈挑起織片其中一角的 2～3 條線,並且穿過去。

7　將耳環或耳夾的金屬配件穿入 C 圈中。

8　把 C 圈的開口密合。

9　完成!可以嘗試更換線材或使用起伏編(如右上圖),變化出不同風格的飾品。

簡約短圍巾

無論是外出還是待在家中，
當你想要保暖脖子時，
可以輕鬆佩戴的插入式短圍巾。
這款圍巾只需使用起伏編，
往同一個方向
直直地編織就能完成，
非常適合用來熟練下針。

織線：Hamanaka—Amerry〈極太〉
特色：空氣感十足的毛線，能做出既溫暖又輕盈的織物
顏色：米色（col. 113）

變化版
僅僅改變毛線的顏色,整體氛圍就會起變化。
選擇你喜歡的顏色來編織吧!
顏色:白色(col. 101)、酒紅色(col. 106)

準備用品

〔線〕Hamanaka—Amerry〈極太〉
　　　米色（col. 113）
　　　… 60g（一球 40g、50m）
〔針〕棒針 15 號
〔其他〕毛線針 No.11 左右

變化版

〔線〕Hamanaka—Amerry〈極太〉
　　　白色（col. 101）／酒紅色（col. 106）
　　　… 60g（一球 40g、50m）

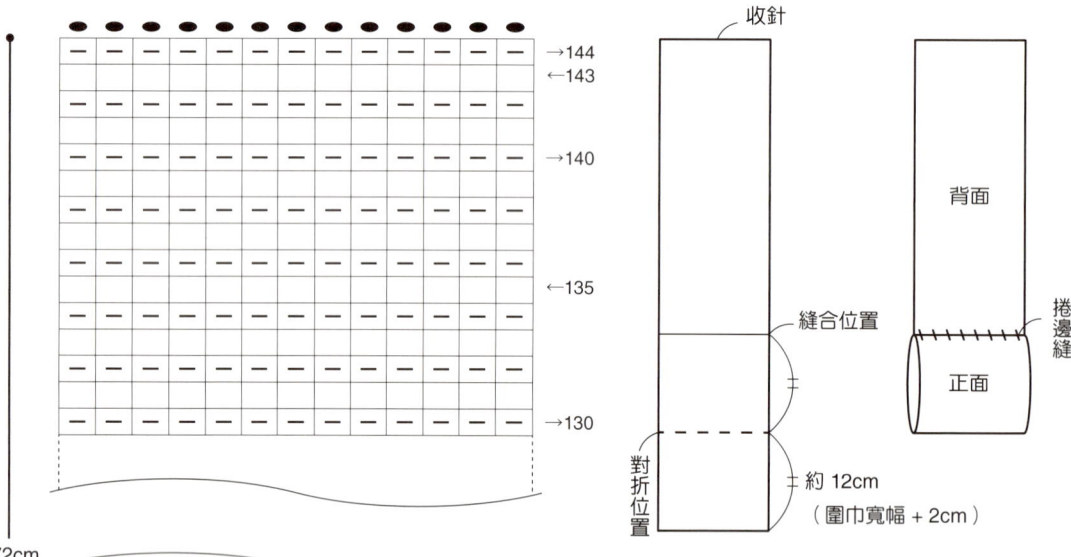

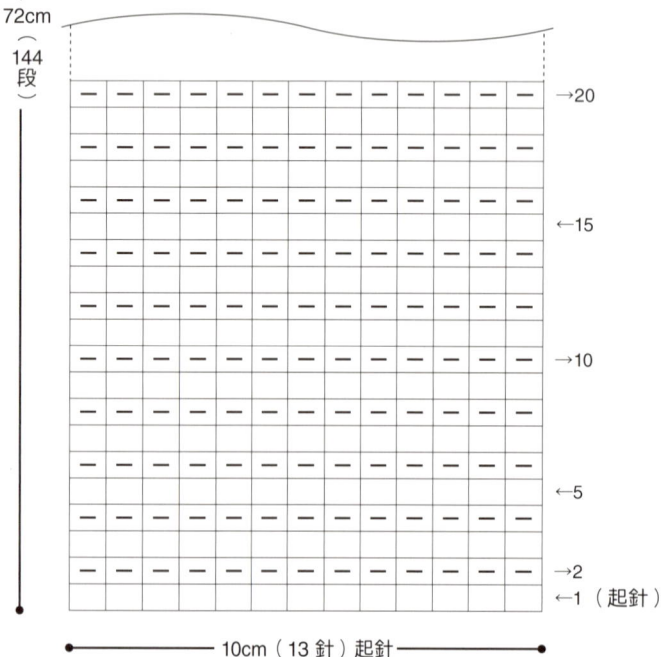

編織方法

1. 手指掛線起針後開始編織。除了起針所需的長度外，加上捲邊縫用的長度（縫合寬度×約 3 倍），保留大約 60cm 的線頭後再開始編織。
2. 用起伏編，編織圍巾本體。
3. 用捲邊縫縫合邊緣，製作插入口。
4. 進行線頭收尾。

〈本體〉

72cm（144段）

10cm（13針）起針

□ = | 下針
－ 上針
● 收針

■ 起針

1. 保留大約 60cm 的線頭（包括縫合用的長度）後，手指掛線起針，共 13 針。

■ 編織本體

2 進行起伏編（接線方法參考第 38 頁）。

3 編織到 72cm（144 段）後收針。或是停止在自己喜好的長度。

■ 捲邊縫

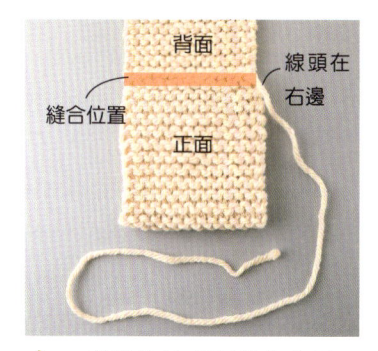

背面　線頭在右邊
縫合位置　正面

4 將織片的背面朝向自己，在距離底部約 12cm 的地方對折。起針處和本體重疊的部分即為縫合位置。

5 將毛線針穿過一開始預留的線頭後，插入縫合位置邊緣的針目。

6 用針挑起起針處的一條線和本體的針目，穿過去後拉緊，並逐針縫合（捲邊縫參考第 63 頁）。

7 完成捲邊縫的樣子。

■ 線頭收尾

8 利用縫合處隱藏線頭（線頭收尾參考第 66 頁）。

9 在途中換線的部分，先將線交叉後再處理線頭，針目就不易鬆脫。

10 完成！

慵懶風
露指手套

寒冷季節中，可以露出五指的長款手套，
方便進行各種日常活動，因此相當受歡迎。
這款手套是利用 3 針下針＋2 針上針的鬆緊編製成，
現在就來挑戰看看吧！

織線：Daruma—Merino Style〈並太〉
特色：易於編織的細緻羊毛
顏色：軟木色（col. 4）

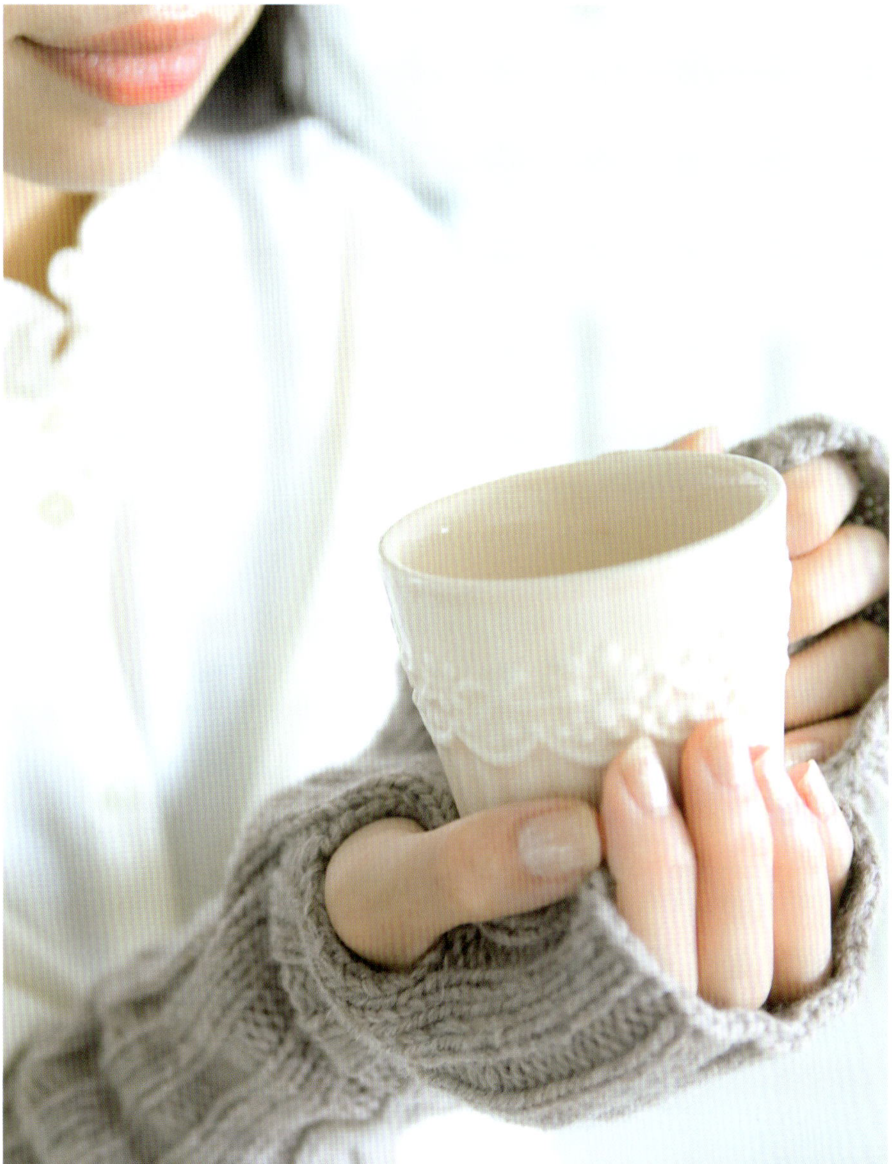

準備用品

〔線〕Daruma—Merino Style〈並太〉
軟木色（col. 4）
… 75g（一球 40g、88m）
〔針〕棒針 6 號
〔其他〕毛線針 No.13 左右

編織方法

1. 線頭預留起針用及縫合用的長度（縫合寬度×約 3 倍）共約 135cm 後，以手指掛線起針開始編織。
2. 用鬆緊編，編織出兩片本體。
3. 進行收針，留下約 20cm 的線頭（縫合寬度×約 3 倍）並剪線。
4. 將織片的兩端對齊，縫合拇指孔以外的部分。

本體 ※編織 2 片
收針
5.5cm
4cm 拇指孔
（鬆緊編）
6 號
32cm（108 段）
26.5cm
18cm（47 針）起針

最終段的線頭 約 20cm
從反方向挑縫
來回縫合 3～4 針以加強固定
正面
挑縫
起始段的線頭 約 80cm

Point

縫合後，第 2 針和第 46 針會相鄰

5 4 3 2 1　47 46 45 44 43

兩端的第 1 針是縫合邊

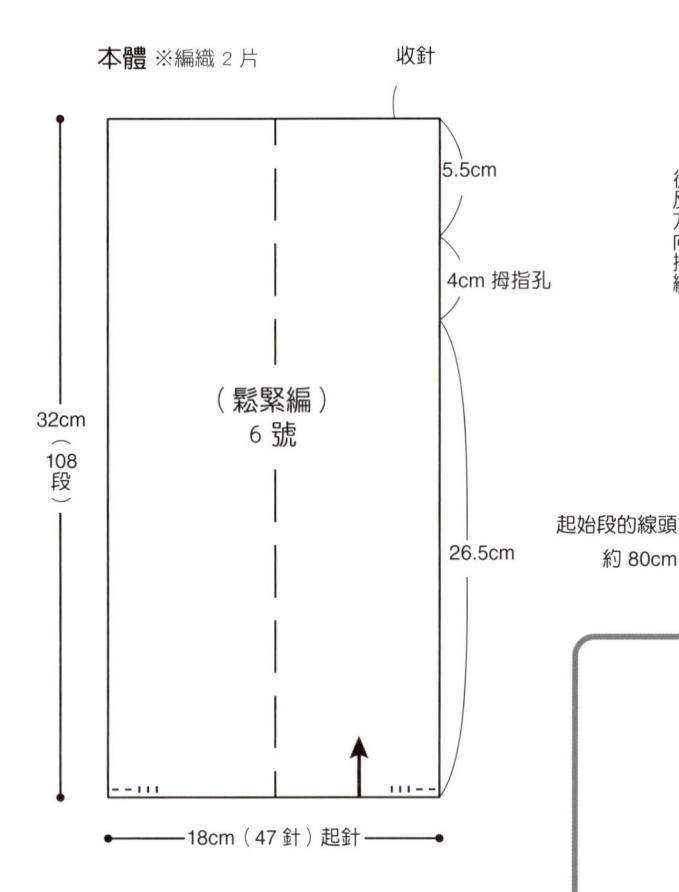

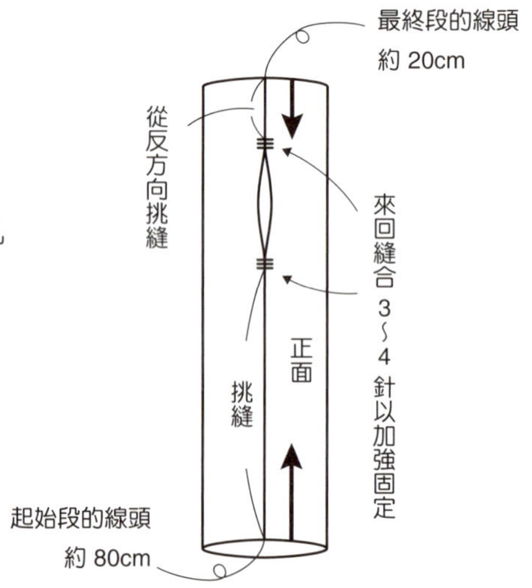

鬆緊編

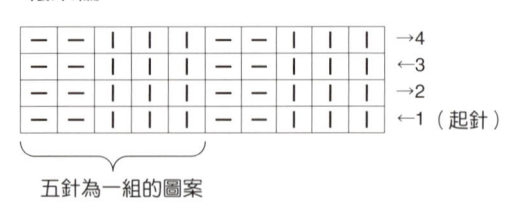

→4
←3
→2
←1（起針）

五針為一組的圖案

如果想改變寬度，起針數以 5 針為單位，在 47 針的基礎上進行增減。
例如）想稍微縮小……47 針－5 針＝42 針
　　　想稍微放大……47 針＋5 針＝52 針

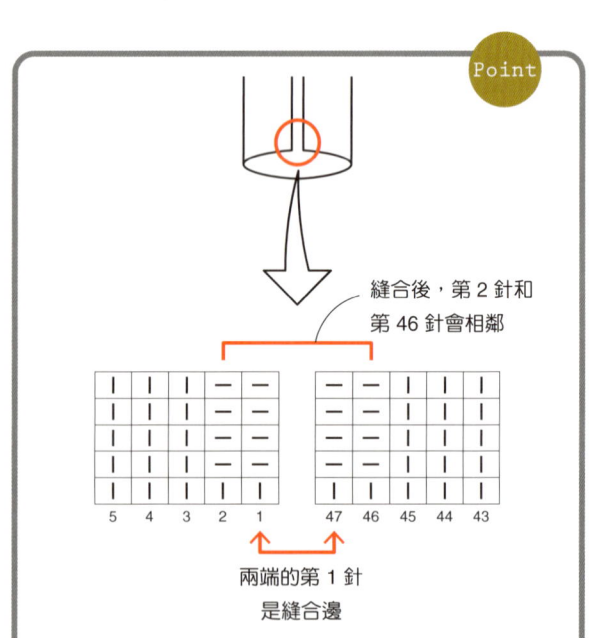

進行挑縫時會挑起邊緣內側的沉降弧，因此縫合時兩端的第 1 針會成為縫合邊，並隱藏在內側。織片的兩端都各編織了 2 針上針，當最後經由縫合，使兩端的第 1 針消失時，整條手套就會形成「3 針下針、2 針上針」的完整循環。

episode 3

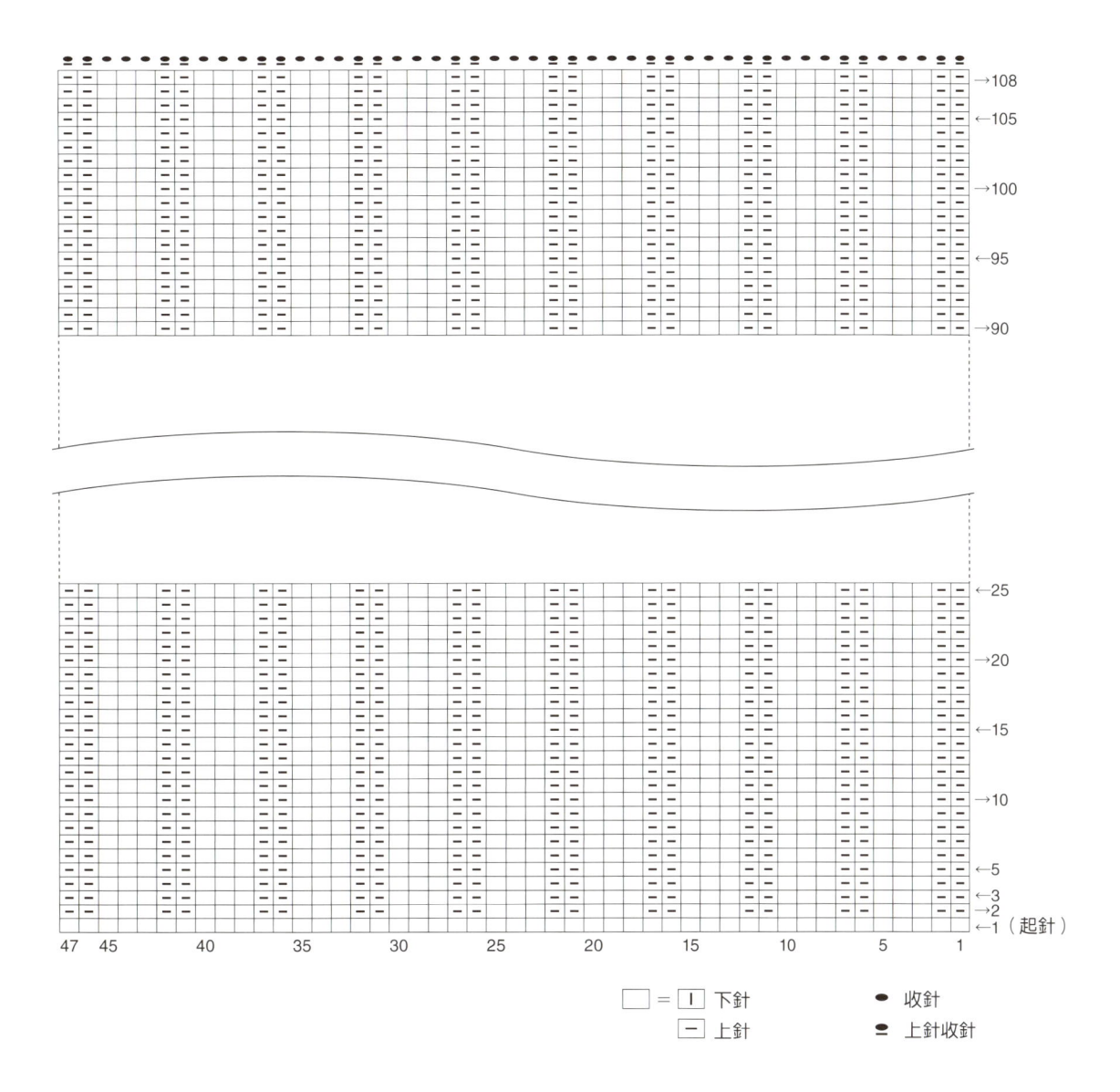

□ = │ 下針
－ 上針
● 收針
⬤ 上針收針

\ check /
首先確認織圖並整理編織方法

奇數段按照針目記號，從 2 針上針開始，重複「3 針下針、2 針上針」。
偶數段則以反向操作，從 2 針下針開始，重複「3 針上針、2 針下針」。
這樣編織出來的織片會是以 2 個上針和 3 個下針交替排列，形成縱向紋路。

□ = │ 下針 － 上針

■ 起針

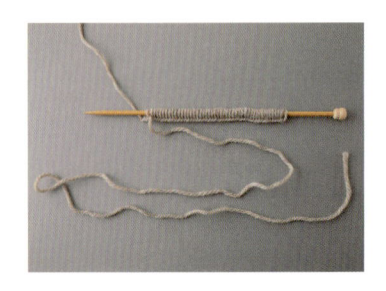

■ 編織本體

1　預留包含縫合用的線頭約 135cm 後，手指掛線起針，共 47 針。

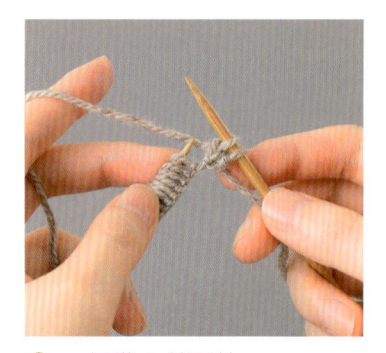

2　編織 2 針下針。

Point　針目記號中標示「上針」，但編織方向為「→」，也就是看著背面編織，因此要反向操作編織「下針」。

3　編織 3 針上針。

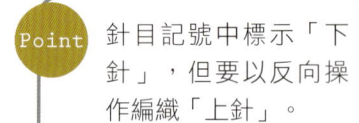

Point　針目記號中標示「下針」，但要以反向操作編織「上針」。

4　編織 2 針下針。重複步驟 3～4 直到此段結束。

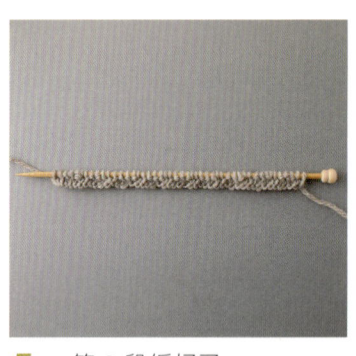

5　第 2 段編好了。

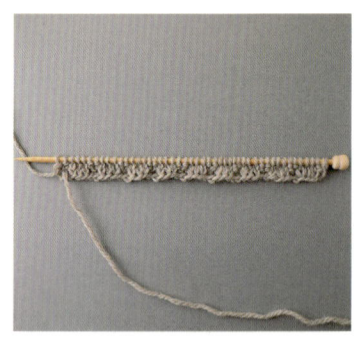

6　第 3 段按照針目記號進行編織。

7　編織完 6 段的樣子。這時候，鬆緊編的圖案已清晰可見。

8　編織完 108 段。可以配合配戴者手臂的長度調整段數，若要調整，請在偶數段結束。

■ 收針

9 編織 2 針上針。

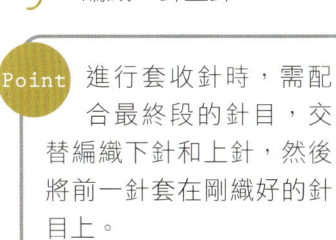

10 將左針穿入右針上的第 1 針並套過第 2 針。

11 完成了上針套收。

> Point 進行套收針時，需配合最終段的針目，交替編織下針和上針，然後將前一針套在剛織好的針目上。

12 接下來編織 1 針下針，並進行收針。

13 完成了下針套收。繼續如鬆緊編般，交替編織下針和上針，並完成收針。

14 已收 15 針的樣子。收針的針目會隨著鬆緊編的紋路而起伏。

> Point 請一邊檢查織片的寬度是否有變化。如果縮得太緊以至於手無法穿過，即代表收針過緊，需要放鬆拉線的力道。

15 收針到邊緣後，保留指尖側縫合用的線頭約 20cm（縫合寬度×約 3 倍），然後將線剪斷。

16 將線頭穿過最後一個線圈固定。

■ 將拇指孔以外的部分進行挑縫

17 將織片較長的兩側對齊。將起始段的線頭穿入毛線針,從織片的背面穿入起針的第1針。

18 挑起靠近線頭端起針處的一條線。

19 接下來交替挑起左右第1針內側的沉降弧。雖然縫合的針目為上針,但做法與第59頁相同。

Point

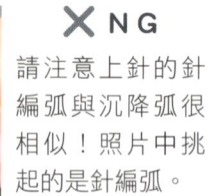

OK 照片中挑起的是沉降弧。

NG 請注意上針的針編弧與沉降弧很相似!照片中挑起的是針編弧。

20 這是縫合到一半的樣子。請把線拉緊,隱藏好縫合的線。

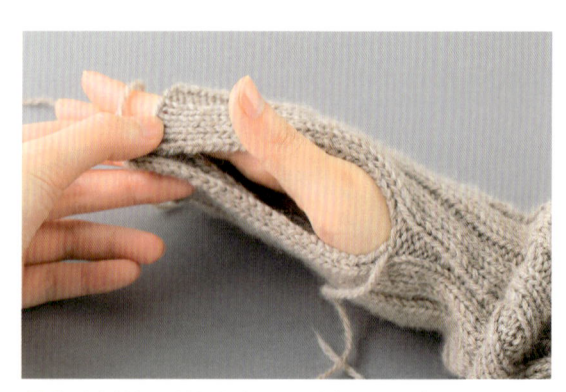

21 試著把手伸進去,確定拇指孔的位置。

22 挑縫的最後一步是將針穿過兩端的針目，並繞線 3～4 次以加強固定。

23 利用背面的縫合邊，進行線頭收尾。

24 接下來將最終段的線頭穿入毛線針，從反方向進行縫合。從背面將針穿過兩個收針的針目。

25 返回線頭所在的那一側，像照片中那樣挑起一條線。

26 交替挑起左右第 1 針內側的沉降弧。

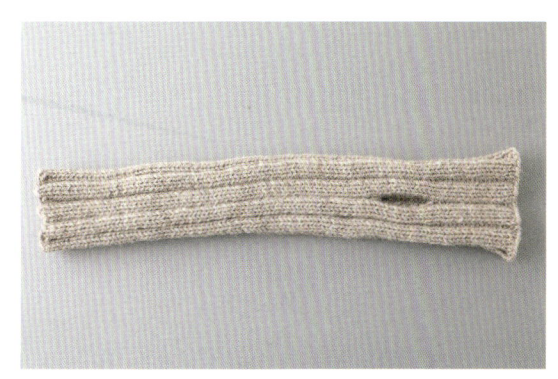

27 縫合到拇指孔的位置後，按照步驟 22，繞線 3～4 次，最後將線頭收尾即完成！

自然系
十字髮帶

結合了平面編和桂花編的花樣，
這款髮帶可以同時展現兩種編織美感。
雖然在前面內容中沒有練習過桂花編，
但其實只需要交替編織下針和上針，
即使是初學者也能輕鬆挑戰喔！

織線：Daruma─與原毛相近的美麗諾羊毛
特色：質感蓬鬆柔軟且輕盈
顏色：沙漠米（col. 16）

變化版
一側是桂花編的可愛花樣，
另一側則是平面編的圓潤效果。
使用有質感的深色毛線
會顯得非常有魅力！
顏色：森林綠（col. 4）

準備用品

〔線〕Daruma─與原毛相近的美麗諾羊毛
　　　沙漠米（col. 16）⋯30g（一球 30g、91m）
〔針〕棒針 10 號、6 號
〔其他〕毛線針 No.12、13 左右

變化版

〔線〕Daruma─與原毛相近的美麗諾羊毛
　　　森林綠（col. 4）⋯30g（一球 30g、91m）

編織方法

1. 以 10 號棒針編織本體。開始編織前，除了起針用的長度之外，還需保留之後捲邊縫用的線（縫合寬度×約 3 倍），共約 60cm。
2. 換成 6 號棒針，用一針鬆緊編從本體繼續編織繩子部分。
3. 進行收針，留下收尾的線頭並剪掉多餘的部分。
4. 將兩個本體交叉，用捲邊縫連接成環，製作成髮帶。

本體　※分別編織一條平面編與桂花編的織片

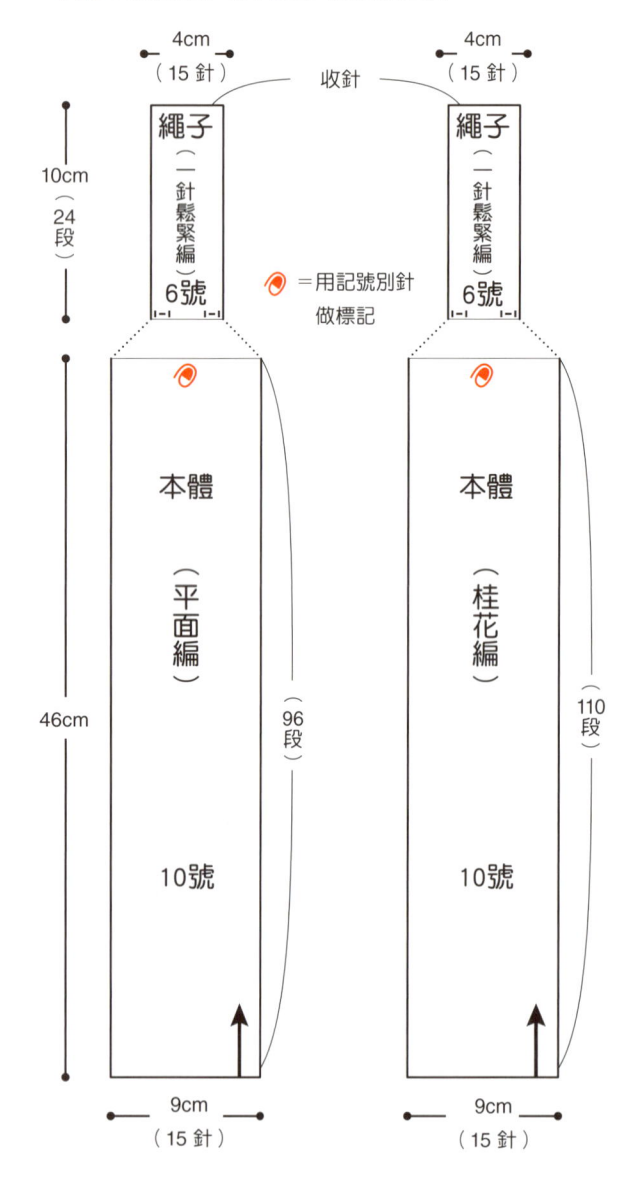

4cm（15針）　收針　4cm（15針）

繩子（一針鬆緊編）6號　　繩子（一針鬆緊編）6號

10cm（24段）

● = 用記號別針做標記

本體（平面編）　　本體（桂花編）

46cm　（96段）　（110段）

10號　　10號

9cm（15針）　　9cm（15針）

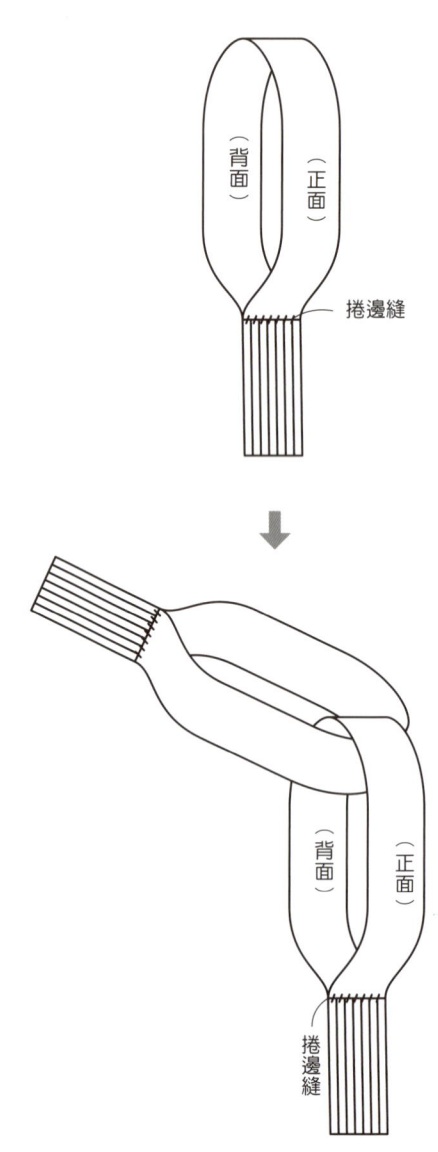

（背面）（正面）

捲邊縫

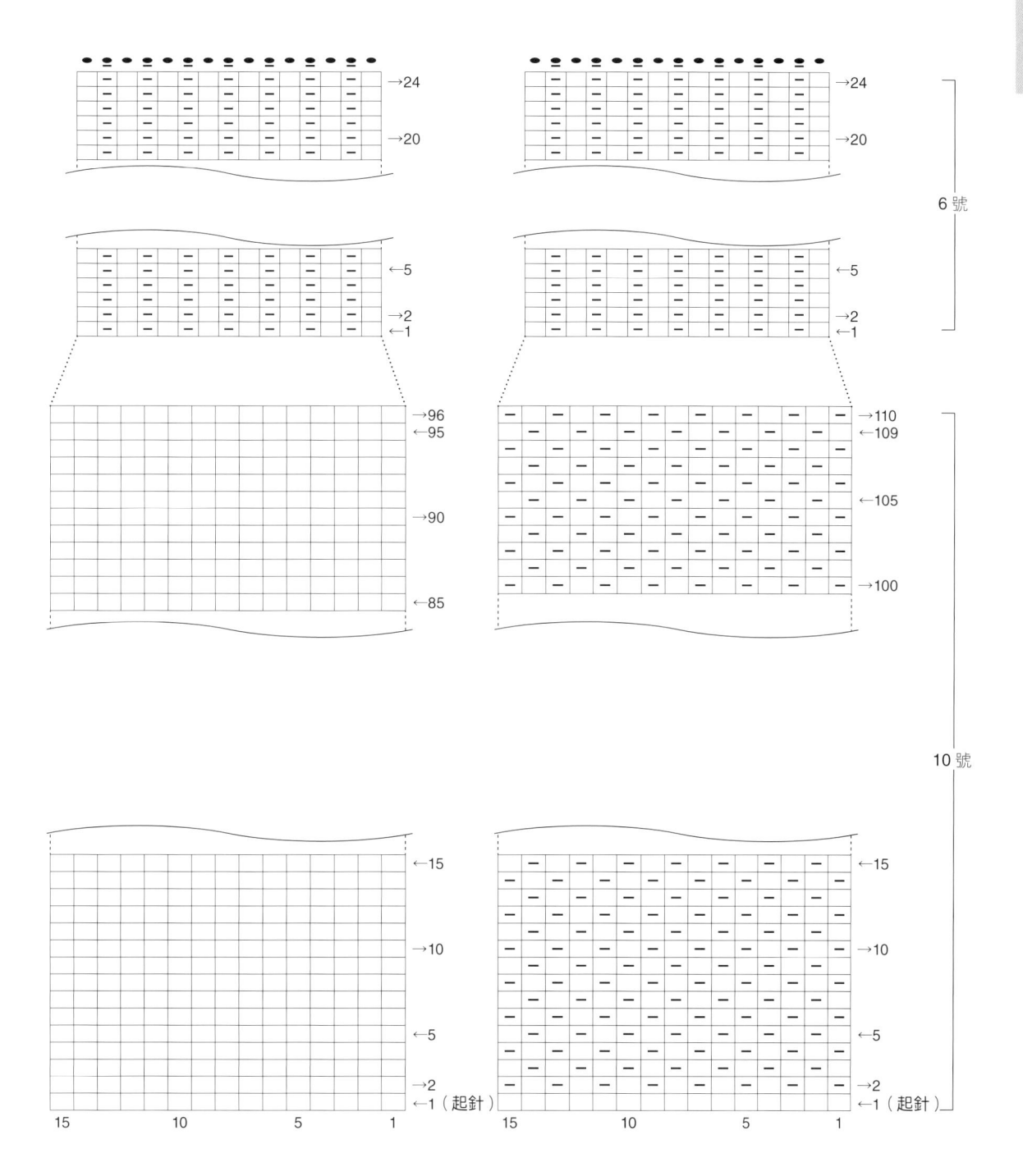

□ = │ 下針
— 上針
● 收針
⬬ 上針收針

■ 編織本體（棒針 10 號）

1. 預留約 60cm 的線頭後，手指掛線起 15 針。

2. 將兩片本體個別編織到織圖所示的段數，完成「平面編」、「桂花編」兩種花樣（桂花編的做法參考第 92 頁）。

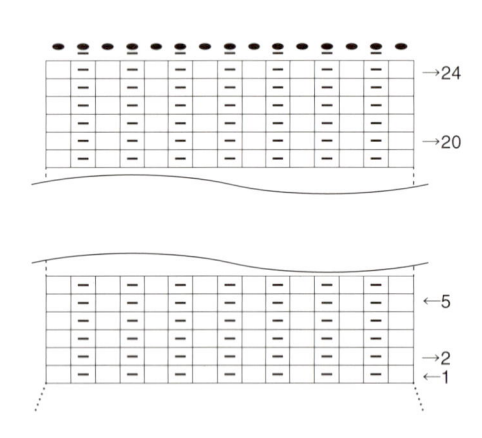

■ 編織繩子（棒針 6 號）

→24
→20

←5
→2
←1

3. 換成 6 號棒針，開始編織「一針鬆緊編」。第 1 針編織下針。

4. 第 2 針編織上針。

5. 以「1 針下針、1 針上針」交替編織。圖為編織到第 7 針的樣子。

6. 編織到邊緣，最後以下針結束。

7 編織完繩子的第 1 段後，在本體的最後一段掛上記號別針做標記。

8 第 2 段從上針開始，以「1 針下針、1 針上針」交替編織。這就是一針鬆緊編。

■ 收針

9 以同樣方式重複到第 24 段為止。因為在本體的最後一段有做標記，所以很容易計算已編織的段數。照片中是編織到第 6 段的樣子。

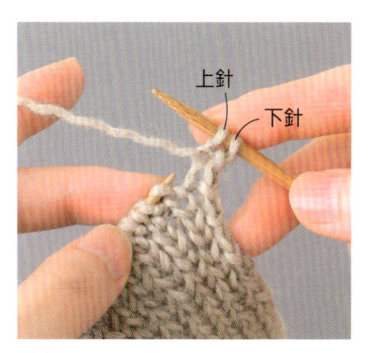

10 收針時按照一針鬆緊編的方式，編織出前兩針。

11 將左針穿入第 1 針並套過第 2 針。

12 完成 1 針收針。

13 接下來編織 1 針下針後，同樣進行套收。

14 完成了 2 針收針。重複套收針到最後一個針目。

15 留下約 7~8cm 收尾的長度後剪線。將線頭穿過線圈後拉緊以固定針目。

Point 套收針時要配合最終段的針目，分別編織下針和上針，然後將前一針套在剛織好的針目上。

\ check /
桂花編

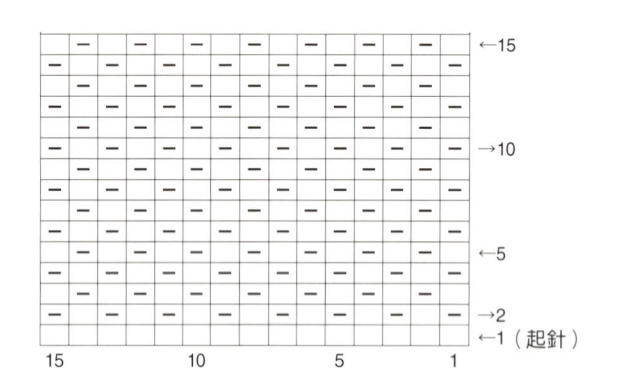

1 第 2 段按照織圖中針目記號的反向操作，因此實際上從「1 針下針、1 針上針」開始。

2 重複「1 針下針、1 針上針」的編織方式，最後以下針結束。

3 第 3 段按照針目記號進行，重複「1 針下針、1 針上針」，最後以下針結束。

4 編織到 24 段的樣子。雖然織圖看起來很複雜，但每段都只需固定編織「1 針下針、1 針上針……」即可。

■ 縫合成環形

16 將本體正面朝外對折進行縫合。先將編織起始處的線頭穿入毛線針，用針挑起並穿入一針鬆緊編第 1 段的邊緣針目。

17 將針穿入本體起針側的一條線（半目），以及一針鬆緊編第 1 段的一條線（半目），一次縫合一個針目。

18 以相同方式縫合至邊緣。

Point 針目可能不太清晰、不好辨識，所以任意一條線也可以，只要每次都是挑起同一段的針目即可。

19 將另一個本體穿過已縫合好的本體。

20 正面朝外對折，按同樣方法進行縫合。

21 另一個本體也縫合完成。

22 鬆緊編部分與本體之間是以半目相互對準縫合，並沿著縱向固定，使織物能保持彈性和整齊。再將多餘的線頭藏入縫合部分，完成線頭收尾。穿戴時將繩子繫起來即可。

暖質感
三角披肩

此披肩的圖案和編織方法
與前面教過的三角形織片相同。
在複習加針的同時，
請盡情享受編織的樂趣，
並持續編織至你喜歡的尺寸為止。
若使用比標準針更粗的針，
披肩會顯得更柔軟且輕盈。

織線：Daruma—Merino Style〈並太〉
特色：由於是細緻的羊毛，選擇深色調會展現出獨特的魅力
顏色：天然白（col.1）

變化版
在胸前打個結也很可愛！
毛線可以替換成自己喜歡的顏色。
顏色：芥末黃（col.13）

準備用品

〔線〕Daruma—Merino Style〈並太〉・
　　　天然白（col.1）…120g（一球 40g、88m）
〔針〕輪針 10 號
〔其他〕毛線針 No. 13 左右

變化版

〔線〕Daruma—Merino Style〈並太〉
　　　芥末黃（col.13）…120g（一球 40g、88m）

編織方法

1. 使用輪針，手指掛線起 3 針。
2. 每隔兩段在披肩的一側，用空針增加針數，同時編織出三角形。
3. 最後收針，並進行線頭收尾。

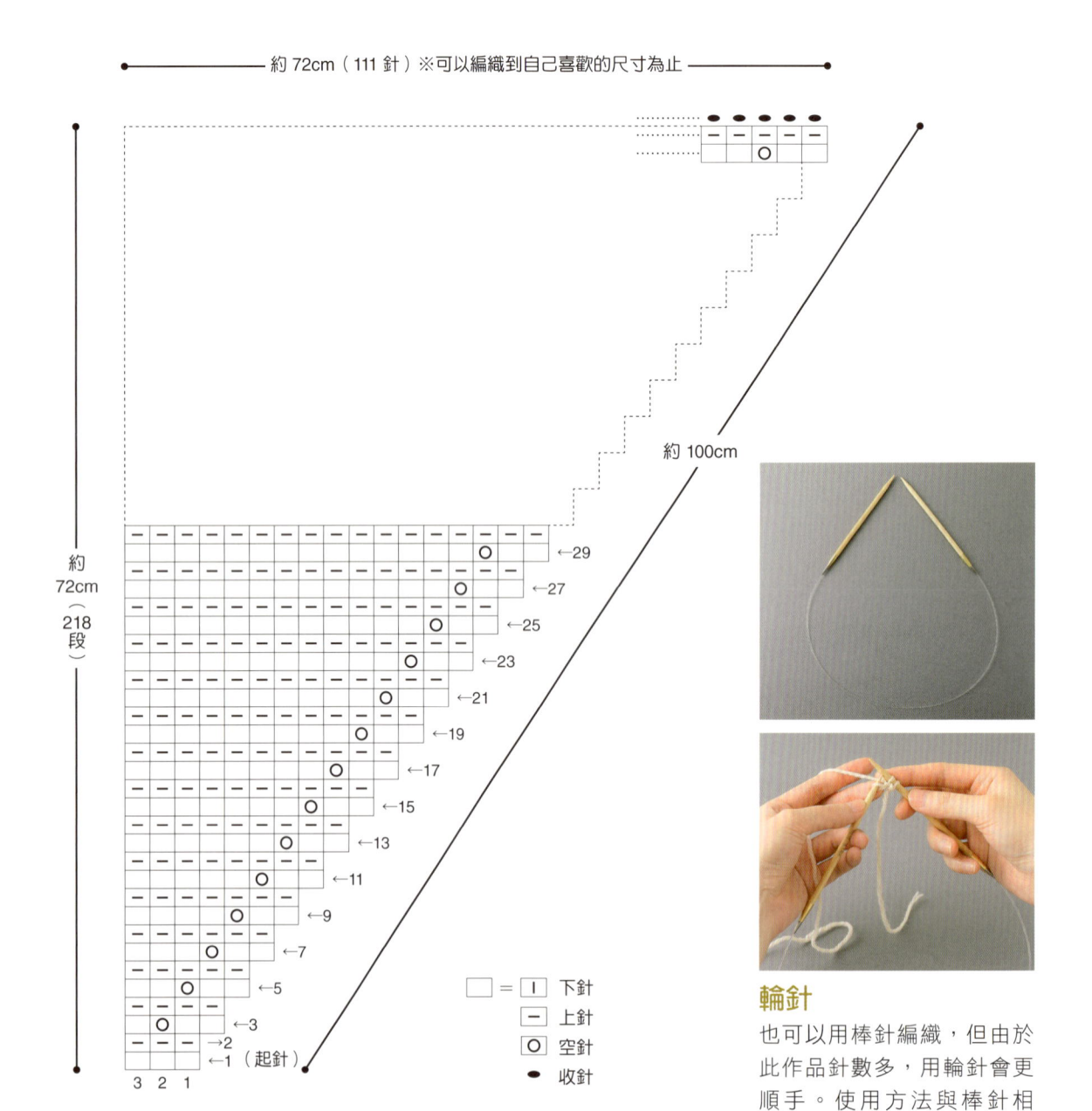

約 72cm（111 針）※可以編織到自己喜歡的尺寸為止

約 100cm

約 72cm（218 段）

□ = | 下針
－ 上針
○ 空針
● 收針

輪針

也可以用棒針編織，但由於此作品針數多，用輪針會更順手。使用方法與棒針相同，但針目會集中在輪針的線上，可以減輕手指的負擔。

■ 起針

■ 編織三角形

1　在輪針的其中一端,手指繞線起針,共 3 針。

2　第 2 段編織 3 針下針。

3　第 3 段編織 2 針下針,然後編織空針。

4　剩下的針目織下針,此段會增加到 4 針。

5　第 4 段不加針,全部編織下針。

6　第 5 段與第 3 段相同,以空針來增加針數。

■ 收針

7　編織出 18 段的樣子。空針造成的洞會形成斜線。

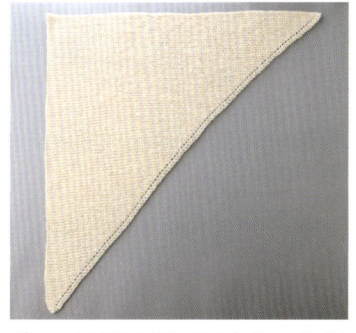

8　編織到所需長度後,進行收針及線頭收尾即完成!

> **Point**　在整理起始和結束的線頭時,將線垂直穿過針目可以使織片的尖角更加漂亮(參考第 67 頁)。換線部分的線頭,則像編織短圍巾一樣,先將線交叉再收尾(參考第 77 頁步驟 9)。

個性口罩套

覆蓋在不織布口罩上的口罩套，
不僅會運用到之前學過的
加針、減針做法，
還加入了一些新技巧。
尺寸小巧，但很有挑戰性。

織線：sawada itto—Puny
特色：聚酯纖維材質，線較粗很好編織，亦可清洗
顏色：灰褐色

變化版
以喜歡的顏色編織，
也能盡情享受與服裝
搭配的樂趣。
顏色：深藍色

準備用品

〔線〕sawada itto—Puny・灰褐色
　　　…10g（一球 35g、80.5m）
〔針〕棒針 10 號
〔其他〕毛線針 No. 12 左右

變化版

〔線〕sawada itto—Puny・深藍色
　　　…10g（一球 35g、80.5m）

編織方式

1. 手指掛線起針。
2. 編織起伏編的同時，製作可以讓口罩繩子通過的孔洞。
3. 在以平面編編織口罩套本體時，進行加針和減針來形成立體效果。為了讓口罩套兩端的針目整齊排列，每一段的開始都要進行滑針。
4. 編織口罩套另一邊的孔洞。
5. 收針並進行線頭收尾。

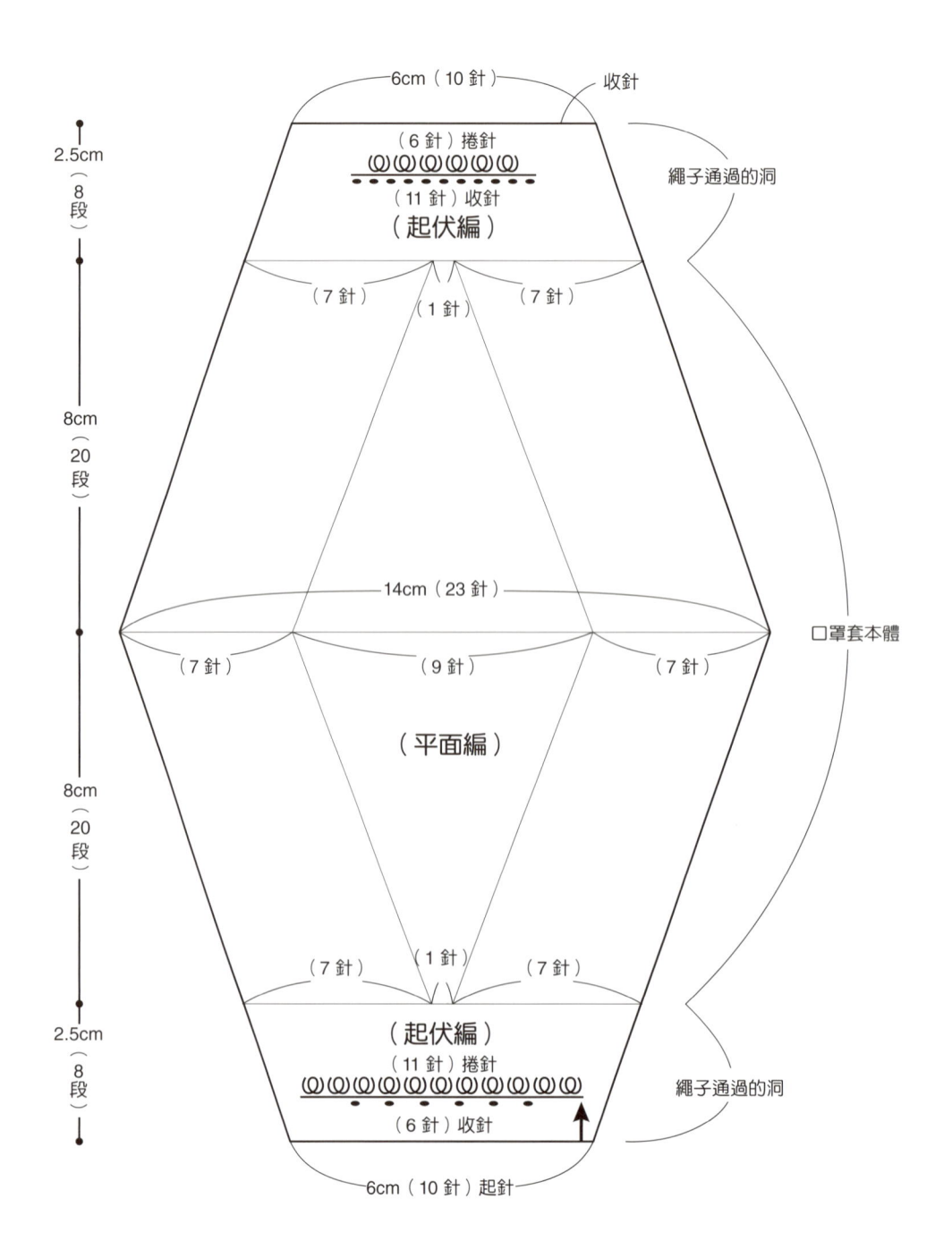

尺寸說明

- 2.5cm（8段）
- 8cm（20段）
- 8cm（20段）
- 2.5cm（8段）

- 6cm（10針）收針
- （6針）捲針
- （11針）收針
- （起伏編）
- （7針）　（1針）　（7針）
- 14cm（23針）
- （7針）　（9針）　（7針）
- （平面編）
- （7針）　（1針）　（7針）
- （起伏編）
- （11針）捲針
- （6針）收針
- 6cm（10針）起針

- 繩子通過的洞
- 口罩套本體
- 繩子通過的洞

這件作品是對之前內容的總複習，請一邊看織圖一邊編織！
首次出現的技巧以及可能讓你感到困惑的地方，都整理在 CHECK POINT 中，請閱讀後再動手吧。

episode 3

CHECK POINT

⓫ ⓪ 捲針 > p.109
編織捲針，此段共 10 針。

⓾ ● 收針 > p.109
中間 11 針編織收針。

❾ ⋏ 中上三併針 > p.108
將 2 針移到右針後編織下一針，然後將移過來的 2 針套過去。

❽ ⋋ 右上兩併針 > p.107
將第 1 針移到右針上，編織 1 針下針，然後將移過來的針目套過去。

❼ ⋌ 左上兩併針 > p.106
一次穿入 2 針，並編織 1 針下針。

❺❻ ℚ 扭加針 > p.104
右側為❺右扭加針
左側為❻左扭加針

❸❹ V 滑針 > p.104
❸ 為奇數段（編織下針段）
❹ 為偶數段（編織上針段）

❷ ⓪ 捲針 > p.102
編織捲針，此段共 15 針。

❶ ● 收針 > p.102
中間 6 針編織收針。

☐ = │ 下針　　ℚ 扭加針
　　— 上針　　⋌ 左上兩併針
　　● 收針　　⋋ 右上兩併針
　　⓪ 捲針　　⋏ 中上三併針
　　V 滑針　　‥‥‥ = 連接

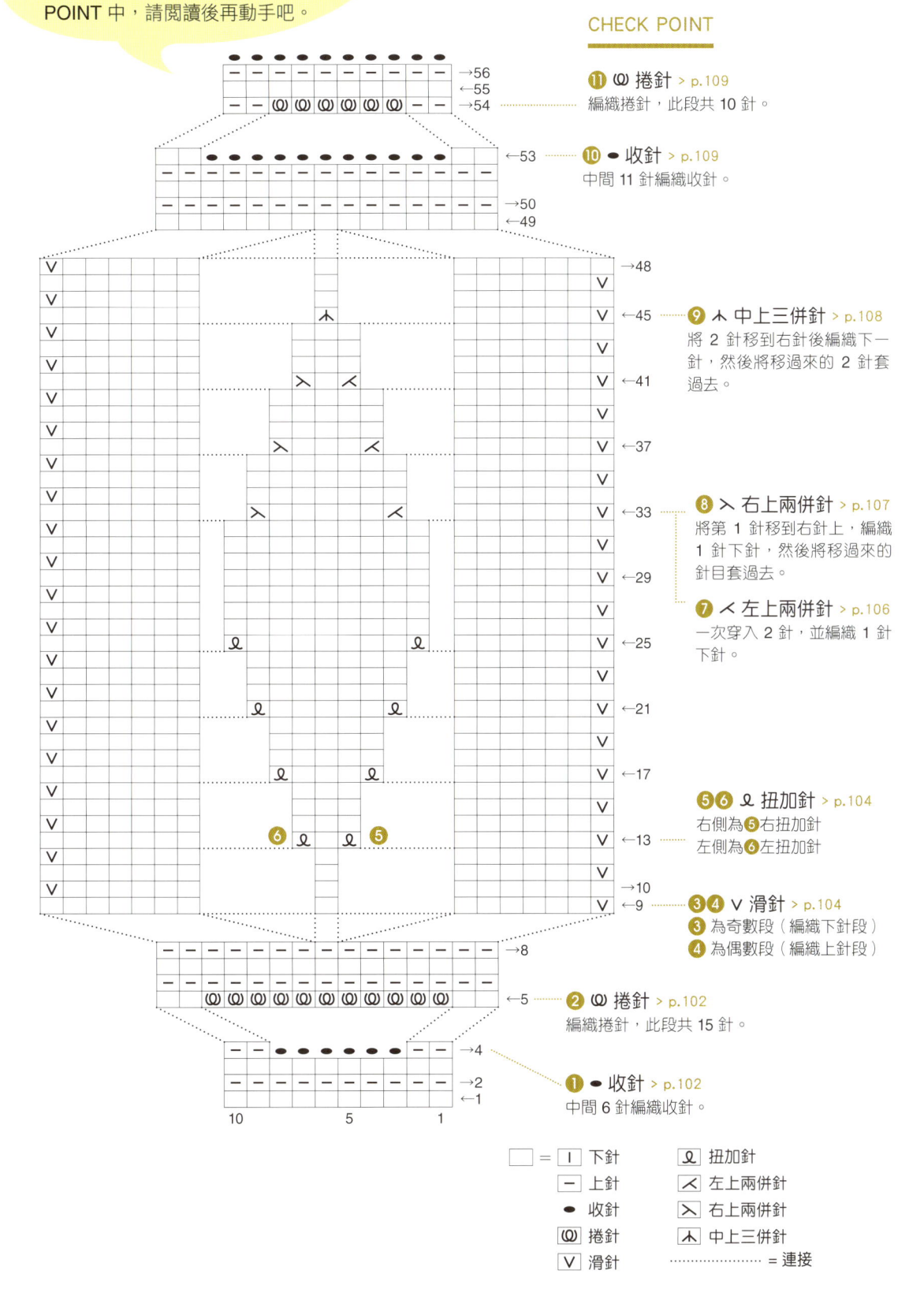

101

> CHECK POINT ❶ 收針

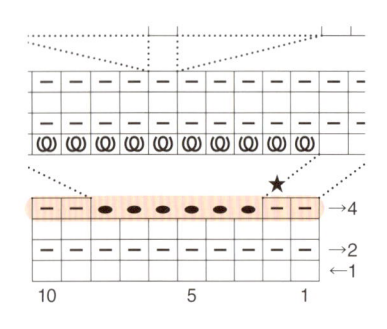

1. 一開始編織 2 針下針。

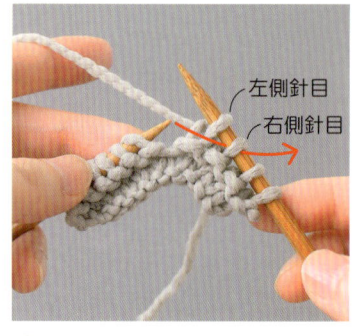

2. 為了編織收針，先編織 2 針下針，再按箭頭所示，將左針插入右側針目並套過左側針目。

   左側針目
   右側針目

3. 已完成 1 針收針。收針的方法與「套收針」相同（參考第 23 頁）。

4. 進行了 6 針收針。為了收第 6 針，在織圖上的★處編織針目，因此左針上只剩下 1 針。

5. 完成第 4 段的編織。

觀看影片同步確認

> CHECK POINT ❷ 捲針 (Ω)

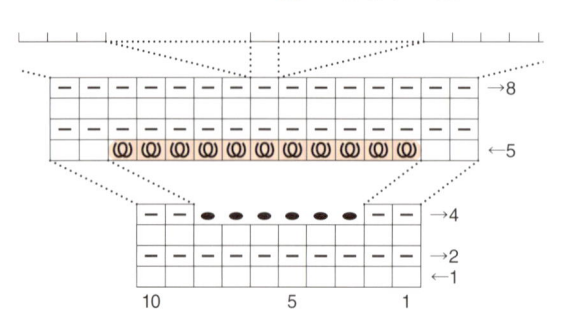

1. 捲針的做法是將右針穿過繞在食指另一側的線上。

2　先將左手稍微轉動（線會在食指上形成交叉狀），如照片中箭頭所示，將右針從後方插入。

3　當右針穿過交叉形成的線圈後，放開食指並拉緊線。

4　完成 1 針捲針。接下來重複相同步驟。

5　編織了 11 針捲針。由於捲針容易鬆脫，因此要比其他針目編得更緊一些。

6　繼續往下編織。

> CHECK POINT ❸　滑針　V

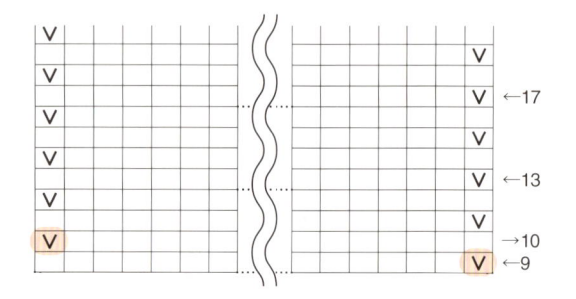

1　面向織片的正面時，將線放在針的後方，從兩針相對的方向，將右針插入左針上的針目，不編織，直接移到右針上。

2　完成了滑針。

> CHECK POINT ❹　滑針　V

3　面向織片的背面時，將線放在針的前方，將右針插入左針上的針目，不編織，直接移到右針上。

4　完成了滑針。

> Point　每一段的開頭都要編織滑針。奇數段時將線放在針的後方，偶數段時將線放在針的前方，而針的插入方式，兩者都是相同的。

> CHECK POINT ❺　右扭加針 ℘（℘）

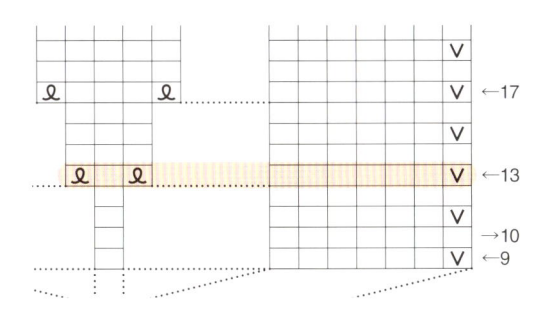

1　包含滑針編織了 7 針後，將左針從後方穿入沉降弧並向上挑起。

2　接著編織下針。

3　完成右扭加針。

> CHECK POINT ❻
左扭加針 ℘（℘）

4　在兩個扭加針之間編織 1 針下針。每次加針後，編織下針的針數會增加，如第 17 段為 3 針，第 21 段為 5 針。

5　將左針從前方穿入沉降弧，並向上挑起。

6　像箭頭所示將針穿入，並編織下針。

7　完成左扭加針。

\ check /
段數的計算方法（扭加針）

編織扭加針時，下方那一段的針目會扭轉。想計算從編織扭加針開始究竟編了多少段時，應將扭轉針目的上方那一段視為加針段來計算。

在左側照片中，標示「1」的段是編織扭加針的段。

>CHECK POINT ❼　左上兩併針　人

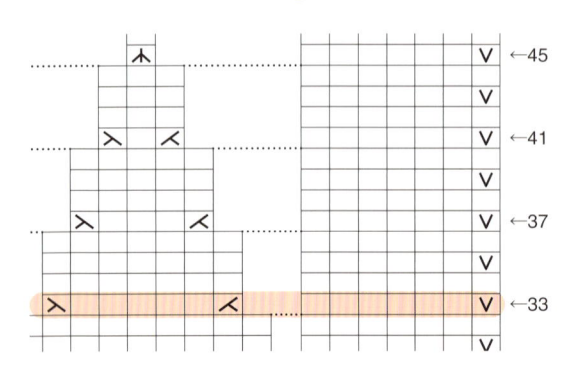

1　包含滑針編織 7 針後，進行左上兩併針。

2　同時將針插入兩個針目，編織 1 針下針。

3　完成左上兩併針。

4　在左上兩併針和右上兩併針之間編織 5 針下針。每次減針後，編織下針的針數會減少，如 37 段為 3 針，41 段為 1 針。

>CHECK POINT ⑧　右上兩併針 入

5　將第 1 針移到右針上。

6　轉移後的樣子。

7　第 2 針編織下針。

8　將左針穿入第 1 針並套過第 2 針。

9　完成右上兩併針。

107

\ check /

段數的計算方法（兩針併一針）

編織兩針併一針（左上兩併針或右上兩併針）時，下方那一段的針目會重疊。想計算從編織兩針併一針開始究竟編了多少段時，應將重疊針目的上方那一段視為減針段來計算。

在左側照片中，標示「1」的段是編織兩針併一針的段。

> CHECK POINT 9　中上三併針　人

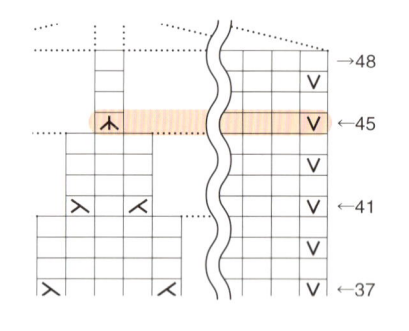

→48
←45
←41
←37

1 包含滑針編織 7 針後，進行中上三併針。

2 同時將針插入兩個針目，移到右針上。

3 第 3 針編織下針。

4 用左針同時穿過右針上的第 1 針和第 2 針，接著再套過第 3 針。

5 完成中上三併針。

> CHECK POINT ❿ 收針 ●

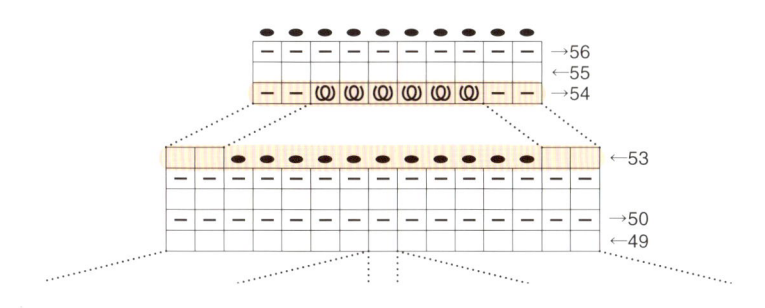

1 收針方式與第4段相同，編織 2 針下針後進行套收（參考第102頁）。

> CHECK POINT ⓫ 捲針 ⓪

1 與第 5 段的方式一樣，進行捲針。

2 完成 6 針捲針。

2 完成 11 針收針。

3 編織到最後進行收針。

4 線頭收尾時，在起伏編的部分橫向繞線即完成！

棒針編織問答箱

還有一些好奇的問題！

Q. 中途發現錯誤，必須從頭開始重編嗎？

A. 這取決於你犯了什麼錯誤、正在編織什麼以及你有多少時間和精力等因素。通常我發現錯誤時，會想到三個選擇：「把線解開到錯誤的地方並重新編織」、「全部拆掉重新開始」、「不在意錯誤繼續編織」。要解開花費許多時間和精力編織的作品，會令人感到相當挫折，因此我當然希望選擇不需要解開或僅需以最小程度解開的方法。然而如果錯誤的部分會影響後續編織，讓一切都變得更麻煩，那麼「解開並重新編織」便是更好的選擇。如果錯誤不會對作品的完成產生重大影響，視當時的情況和心情，有時我會忽略錯誤。

意識到錯誤的那一刻，震驚之餘我也許會暫時逃避現實，然後稍作休息後再開始糾結「是要解開還是繼續編織？」如果錯誤發生的地方是在最後的收尾處而且從外觀看不到，那麼我很有可能不修正。不過，假如作品是要展現給他人看的，我就會傾向解開並重新編織。

但無論如何，最重要的是享受編織的過程。是否解開重編，應該根據「自己是否在意」來決定，所以詢問你的內心吧！「反正又不顯眼，就這樣繼續吧～」這樣想也沒問題。但如果「錯誤讓你睡不好覺！」就果斷地解開吧！

稍微岔開話題，能夠解開重編其實是一件好事。即使犯了錯誤，總是可以重新開始。這樣的思維不是會讓人感到輕鬆許多嗎？希望大家不要害怕犯錯，大膽地編織吧！

Q. 拆下的毛線可以再利用嗎？直接使用沒問題嗎？

A. 編織的好處之一是可以解開毛線並重新利用。但若已經編織了一段時間，或是作品被蒸汽熨斗熨燙過，毛線就會變得捲捲的。直接用捲曲的毛線編織，針目會不整齊，所以我建議先將毛線拉直再編織（當然若你不介意，也可以直接使用）。這時可以使用蒸汽熨斗，將線一根根拉直。不過當量大時，這可是一項繁重的工作（很考驗耐心呢）。若是這種情形，只需將蒸汽噴向捲曲的毛線束，便能稍微減弱捲曲度。

就像往揉皺的紙袋上滴水一樣，蒸汽會使毛線慢慢伸直，觀察這個過程也挺有趣。如果你發現除了蒸汽熨斗外的其他方法，也請儘管使用吧！無論用什麼方法，只要能把毛線拉直，針目就會變得整齊，編織也會更容易。

INDEX 編織技巧索引

※在本書中第一次詳細解說的頁數

ㄅ、ㄆ、ㄇ、ㄈ
編織下針	20
編織上針	27
編織途中想要暫停	39
平面編	26
拼接	58
美式編織	18
法式編織	18
縫合	58

ㄉ、ㄊ、ㄋ、ㄌ
段	7
挑縫	59
套收針	23
扭加針	45
輪編	35

ㄍ、ㄎ、ㄏ
桂花編	35
空加針	40
滑針	104
換線	38

ㄐ、ㄑ、ㄒ
加針	40
減針	40
接線	38
將基本圖案織片串在一起	68
將線穿入毛線針	58
捲邊縫	63

捲針類
捲針	102
起伏編	19
起針	7
下針	20
線打結	39
線頭收尾	66

ㄓ、ㄔ、ㄕ
織片	7
織圖	33
針編弧	32
針目	7
針目的結構	32
針目記號	33
針目從針上脫落並鬆開	36
中上三併針	56
沉降弧	32
收針	102
手指掛線起針	12
上針	27

ㄗ、ㄘ、ㄙ
左手掛線	18
左上兩併針	51
從線球拉出線頭	11
三針下針＋兩針上針的變化鬆緊編	35

一
一針鬆緊編	35
右上兩併針	52

編織作品的整理方法

有的作品需要用蒸汽熨斗熨燙，有的需要下水洗過，有的可以不經整理直接使用。本書中的作品都以蒸汽熨斗熨燙過。蒸汽熨燙可以讓編織物變得平整美觀，並且能稍微調整尺寸。不過，針對部分作品，你可能會認為省略蒸汽熨燙比較好吧？當然，也有的作品處理前後沒有太大變化。如果作品完成後，看起來可以直接使用，那麼不整理也沒關係。

我認為整理方法並沒有唯一的正解。除了根據作品的特性外，還需要考慮所使用的織線材質，因此每件作品都有各自適合的做法。希望大家能透過編織各種作品來積累經驗，找到最佳的整理方法。

台灣廣廈國際出版集團

國家圖書館出版品預行編目（CIP）資料

棒針編織入門圖解：10種織法學會編織基礎，新手也能編出簡約風格織品【附QR
碼示範影片】／イデガミ アイ著. -- 新北市：蘋果屋出版社有限公司, 2025.02
112面；19x26公分
ISBN 978-626-7424-48-3(平裝)

1.CST: 編織 2.CST: 手工藝

426.4　　　　　　　　　　　　　　　　　　　　　　　　113019240

蘋果屋 APPLE HOUSE

棒針編織入門圖解
10種織法學會編織基礎，新手也能編出簡約風格織品【附QR碼示範影片】

作　　　者／イデガミ アイ	總編輯／蔡沐晨・編輯／許秀妃
譯　　　者／陳書賢	封面設計／陳沛涓・內頁排版／菩薩蠻數位文化有限公司
	製版・印刷・裝訂／東豪・弼聖・秉成

行企研發中心總監／陳冠蒨　　　線上學習中心總監／陳冠蒨
媒體公關組／陳柔彣　　　　　　產品企製組／江季珊、張哲剛
綜合業務組／何欣穎

發　行　人／江媛珍
法　律　顧　問／第一國際法律事務所 余淑杏律師・北辰著作權事務所 蕭雄淋律師
出　　　版／蘋果屋
發　　　行／蘋果屋出版社有限公司
　　　　　　地址：新北市235中和區中山路二段359巷7號2樓
　　　　　　電話：（886）2-2225-5777・傳真：（886）2-2225-8052

代理印務・全球總經銷／知遠文化事業有限公司
　　　　　　地址：新北市222深坑區北深路三段155巷25號5樓
　　　　　　電話：（886）2-2664-8800・傳真：（886）2-2664-8801
郵　政　劃　撥／劃撥帳號：18836722
　　　　　　劃撥戶名：知遠文化事業有限公司（※單次購書金額未達1000元，請另付70元郵資。）

■出版日期：2025年02月　　ISBN：978-626-7424-48-3
　　　　　　　　　　　　　版權所有，未經同意不得重製、轉載、翻印。

HAJIMETE DEMO AMERU BOUBARIAMI NO KYOKASHO
Copyright © Nitto Shoin Honsha Co.,Ltd. 2021
All rights reserved.
Originally published in Japan in 2021 by Nitto Shoin Honsha Co., Ltd., Tokyo
Traditional Chinese translation rights arranged with Nitto Shoin Honsha Co., Ltd., Tokyo
through Keio Cultural Enterprise Co., Ltd., New Taipei City.